颜氏家训

中华国学经典精粹

[北齐] 颜之推 著
谭慧 译

北京联合出版公司
Beijing United Publishing Co.,Ltd.

图书在版编目（CIP）数据

颜氏家训 /（北齐）颜之推著；谭慧译 . -- 北京：北京联合出版公司，2015.7（2022.8 重印）

（中华国学经典精粹）

ISBN 978-7-5502-4370-5

Ⅰ . ①颜… Ⅱ . ①颜… ②谭… Ⅲ . ①家庭道德—中国—南北朝时代 ②《颜氏家训》—通俗读物 Ⅳ . ① B823.1-49

中国版本图书馆 CIP 数据核字（2014）第 313650 号

颜氏家训

作　　者：颜之推
责任编辑：崔保华
封面设计：颜　森

北京联合出版公司出版
（北京市西城区德外大街 83 号楼 9 层　100088）
北京华夏墨香文化传媒有限公司发行
三河市东兴印刷有限公司印刷　新华书店经销
字数 130 千字　880 毫米 ×1230 毫米　1/32　5 印张
2019 年 5 月第 3 版　2022 年 8 月第 13 次印刷
ISBN 978-7-5502-4370-5
定价：36.00 元

前言

颜之推，南北朝时期的文学家、教育家，著有《颜氏家训》《还冤志》《集灵记》等传世佳作。年少时便才华横溢，深得梁湘东王赏识，十九岁时就被任命为国左常侍。后来投奔北齐，官至黄门侍郎。577年，北周灭北齐，他被征为北周的御史上士。四年后，隋代北周，他又被隋文帝召为学士，自叹“三为亡国之人”，没过多久，因身患疾病而去世。

《颜氏家训》是他在北朝后期的重要散文作品，在家庭教育发展史上有重要的影响。后世将这本书誉为“家教规范”。全书一共分成二十篇，涵盖了颜之推一生关于士大夫立身、治家、处事、为学的经验总结，系统而全面地阐述了他的家教理念，在封建家庭教育发展史上有着举足轻重的影响力。

时至今日，本书仍有较多的启示意义，对于家庭子女的教育培养、成长规划等颇有借鉴，每一个篇目都有其独到的价值观，为此，本书保留了原本的二十个篇目名和篇目顺序。考虑到内文的涵盖范围庞杂，且有一部分举例论证的内容稍显繁复，个别事例时代久远，可靠性与可借鉴性都不佳，秉承着“保留精华，尊重原著”的宗旨，我们对部分章节进行了删减。

为了让读者更好地进行阅读，我们在每篇文章的开篇之处设立题解，从总体上把握全篇的纲要和主旨；尊重原文的分段，采用一段原文、一段翻译的形式来解读文章，原则上以直译为主，若直译不通顺，则在尊重原文的基础上进行意译；对于注释的数量，予以精减，只保留较难、较重要或者文义容易产生误解之处的注释，而对于大众较为熟悉的文言知识则予以省略。由于篇幅有限，我们还适当删减了一些与文章本身关联不大，或对文章句意理解帮助较小的背景注解，以增加有效的信息容量。

因时间仓促，译注过程中难免出现疏漏，还望各位读者在阅读过程中不吝指正。我们将深表感谢。

目录

一、序致

【题解】

本篇是《颜氏家训》的序言，作者颜之推在本篇中就《颜氏家训》的写作目的做出说明，希望能借此整顿门风，让子孙后代从中获益。

【原文】

夫圣贤之书，教人诚孝，慎言检迹，立身扬名，亦已备矣。魏、晋已来，所著诸子，理重事复，递相模效，犹屋下架屋，床上施床①耳。吾今所以复为此者，非敢轨物范世也，业以整齐门内，提撕②子孙。夫同言而信，信其所亲；同命而行，行其所服。禁童子之暴谑，则师友之诫，不如傅婢之指挥；止凡人③之斗阋④，则尧、舜之道，不如寡妻之诲谕。吾望此书为汝曹之所信，犹贤于傅婢寡妻耳。

【注释】

①屋下架屋，床上施床：六朝的习语，用来比喻做一些没有创新的重复事情。

②提撕：拉扯、牵引。此处引申为教导、提醒。

③凡人：指兄弟。

④阋（xì）：争斗。

【译文】

圣贤的书籍，教会人们要诚实孝顺，谨慎说话，行为

检点，树立人格传扬美名，这些道理都已经说得非常完备了。魏晋以后，诸子百家的那些著作，道理相同案例重复，前后相互模仿，这就好比在屋子下面造屋子，在床上面放床一样，没什么用处。我今天之所以要重新写这本《家训》，并不敢将它作为事物的规范来为世人做示范，只是整顿家内的风气，教导后人罢了。同样的话有的人愿意相信，是因为说话的人是他们的亲人；同样的命令有人愿意执行，是因为下达命令的人是他们服从的人。不许小孩子开过分的玩笑，师长朋友的劝诫就比不上保姆的命令；禁止兄弟之间相互争斗，尧舜的教导就比不上各自妻子的劝说。我希望这本《家训》能被你们所信服，比保姆和妻子说的话要管用一些。

【原文】

吾家风教，素为整密。昔在龆龀[①]，便蒙诱诲；每从两兄，晓夕温清[②]。规行矩步，安辞定色，锵锵[③]翼翼，若朝严君焉。赐以优言，问所好尚，励短引长，莫不恳笃。年始九岁，便丁[④]荼蓼[⑤]，家涂离散，百口索然。慈兄鞠养，苦辛备至；有仁无威，导示不切。虽读《礼》《传》，微爱属文，颇为凡人之所陶染，肆欲轻言，不修边幅。年十八九，少知砥砺，习若自然，卒难洗荡。二十已后，大过稀焉；每常心共口敌，性与情竞，夜觉晓非，今悔昨失，自怜无教，以至于斯。追思平昔之指，铭肌镂骨，非徒古书之诫，经目过耳也。故留此二十篇，以为汝曹后车[⑥]耳。

【注释】

①龆（tiáo）：通“髫”，指小孩子下垂的头发。龀（chèn）：指小孩子换牙。

②温凊（qìng）：指孝顺父母之道。温，暖被窝。凊，用扇子扇席子，让席子变凉。

③锵锵：形容走路大方得体的样子。

④丁：遭遇。古代将父母死亡这类的丧事称作丁忧。

⑤荼蓼：一般用来比喻艰难困苦，文中指遭遇了父亲的死亡。荼，苦味。蓼，辛辣味。

⑥后车：后继的兵车，此处引申为借鉴。

【译文】

我家的门风家教，一直都严整缜密，昔日我还在换牙的时候，便接受了相关的启蒙教育。每天跟着两位兄长，早晚孝顺父母，冬天暖被窝，夏天扇席子，做事遵循规矩，言语安详，神态平和，走路大方得体，做事小心翼翼，好像给威严的双亲请安一样。双亲经常鼓励我，问我喜好什么，鼓励我克服缺点发扬长处，态度非常恳切。在我九岁的时候，父亲去世，家道衰落，人口萧条。慈爱的兄长抚养我长大，期间各种苦难纷至沓来，他对我仁爱有加但不够威严，为我指导提示但不够严格。虽然当时我也诵读《周礼》《春秋左传》，喜欢写点文章当作爱好，但受世俗之人的熏陶浸染较多，言辞轻浮，也不注重仪表形象。到十八九岁时，才明白要自我磨砺，只是习惯成自然，难以彻底改掉不良习惯。直到二十岁之后，才很少犯大的错误，常常在信口开河的时候心中开始警觉，理性与

情感相冲突，夜里明白了白天做的错事，今天追悔昨天犯下的过失，常常暗自神伤因为没有受到好的教育，才会变成今天这样。追忆起往日的那些志趣，有了刻骨铭心的感受，这绝不是仅仅读一读看一看古书中的戒律就能有所体会的。所以我写下这二十篇文字，让你们今后引以为戒。

二、教子

【题解】

本篇主要阐述了教育子女的相关问题，尤其强调了教育子女中的早教、兼爱、德育等问题。

【原文】

上智不教而成，下愚虽教无益，中庸之人，不教不知也。古者，圣王有胎教之法：怀子三月，出居别宫，目不邪视[①]，耳不妄听，音声滋味，以礼节之。书之玉版[②]，藏诸金匮。生子咳提，师保固明孝仁礼义，导习之矣。凡庶纵不能尔，当及婴稚，识人颜色，知人喜怒，便加教诲，使为则为，使止则止。比及数岁，可省笞罚。父母威严而有慈，则子女畏慎而生孝矣。吾见世间，无教而有爱，每不能然；饮食运为[③]，恣其所欲，宜诫翻奖，应诃反笑，至有识知，谓法当尔。骄慢已习，方复制之，捶挞至死而无威，忿怒日隆而增怨，逮于成长，终为败德。孔子云“少成若天性，习惯如自然”是也。俗谚曰：“教妇初来，教儿婴孩。”诚哉斯语！

【注释】

①不邪视：不看不应看的东西。

②玉版：古代刻字用的玉片，此处泛指珍藏的典籍作品。

③运为：行为，举止。

【译文】

智慧卓越的人不用教导也能成才，愚笨至极的人即使教导也没什么用处，中等平庸的人如果不加教导也就不会明白。古代圣明的君王有胎教的做法，怀孕三个月的时候，外出住到其他的房间里，眼睛不去看不应该看的东西，耳朵不去听不该听的内容，听音乐吃美味，要按照礼数有所节制，这种胎教的办法记录在典籍上，书被收藏在金柜里。胎儿生下来还在啼哭的时候，太师太保就要讲解孝、仁、礼、义来引导他学习。普通百姓家庭即使做不到这一点，婴儿在长到幼儿，能够识别人的脸色，懂得人的喜怒时，就要进行教诲，叫做就得做，叫停就要停。等到几岁之后，就可以免除鞭打了。父母既要有威严又要有慈心，子女才会心生敬畏并且产生孝心。我发现世间有些父母，不教育子女而只是一味溺爱，往往不以为然。吃饭举止，任由孩子的想法去做，该训诫的时候反而夸奖，该责骂的时候反而嬉笑，到孩子懂事之后，就会将这种行为认为是理所当然的。当骄横傲慢成为一种习惯，才开始去制止，即便是用鞭子棍棒打到死也无法显现父母的威严，父母的愤怒日益增长并且与孩子之间的恩怨日渐增多，等到长大成人后，一定会成为品德败坏的人。孔子说“从小养成的习惯就像是天性，习惯久了就会自然而然地去做”就是这个道理。俗语说：“教媳妇要在初来时，教子女要在婴孩时。”这话确实有道理。

【原文】

凡人不能教子女者，亦非欲陷其罪恶；但重于诃怒伤其颜色，不忍楚挞[①]惨其肌肤耳。当以疾病为谕，安得不用汤药针艾救之哉？又宜思勤督训者，可愿苛虐于骨肉乎？诚不得已也。

【注释】

①楚挞：杖责，用棍子打。楚，用来打人的荆条。挞，打。

【译文】

普通人不去教育子女，并不是要将子女置于犯罪作恶的境况中，而是不希望看到子女因为受到责骂而难过的脸色，不忍心用荆条抽打而让他们的肌肤受苦。这里应该用生病来打比方，难道不用汤药和针灸就能治好病吗？还应该想一想那些经常督促训导子女的父母，难道他们就愿意虐待自己的亲生骨肉吗？这确实是不得已的事情啊！

【原文】

王大司马母魏夫人，性甚严正；王在湓城时，为三千人将，年逾四十，少不如意，犹捶挞之，故能成其勋业。梁元帝时，有一学士，聪敏有才，为父所宠，失于教义：一言之是，遍于行路[①]，终年誉之；一行之非，掩藏文饰，冀其自改。年登婚宦[②]，暴慢日滋，竟以言语不择，为周逖抽肠衅鼓云。

【注释】

①行路：路人，指陌生人。

②婚宦：结婚与当官，文中指长大成年。

【译文】

大司马王僧辩的母亲魏夫人，品性严谨而刚正；大司马王僧辩在湓城的时候，已经是统率三千士兵的将领了，年纪也过了四十岁，但稍稍有让母亲不满意的地方，母亲还是会鞭打他，所以大司马王僧辩才能成就他的功勋业绩。梁元帝的时候，有一个学士，聪明敏锐有才能，从小受父亲宠爱，没有管教好：说对了一句话，父亲就到处跟路人宣讲，一年到头地进行赞美；做错了一件事，父亲就藏着掖着进行掩饰，希望他能自我改正。到了长大成年的时候，粗暴傲慢的习气与日俱增，最终因为口不择言，被周逖抽出了肠子，用他的血来祭战鼓。

【原文】

父子之严，不可以狎①；骨肉之爱，不可以简。简则慈孝不接，狎则怠慢生焉。由命士以上，父子异宫，此不狎之道也；抑搔痒痛，悬衾箧枕，此不简之教也。或问曰："陈亢喜闻君子之远其子，何谓也？"对曰："有是也。盖君子之不亲教其子也，《诗》有讽刺之辞，《礼》有嫌疑之诫，《书》有悖乱之事，《春秋》有邪僻之讥，《易》有备物之象：皆非父子之可通言，故不亲授耳。"

【注释】

①狎：形容亲近但不够庄重的样子。

【译文】

父子之间要保持严肃的关系，不能太亲昵；骨肉之间的亲爱，不能简省而不讲礼数。不讲礼数就做不到父慈子孝，太亲昵就会滋生不敬的想法。从朝廷任命的士人向上看，父子二人都分房而住，这就是不要太亲昵的道理；长辈身体不舒服时，晚辈要为长辈抓痒按摩，长辈起床之后，晚辈要为长辈整理床具，这就是讲求礼数的教育。有人会问："陈亢听说孔子疏远自己的儿子后非常高兴，这是为什么呢？"回答是："这样做是有道理的，因为君子不亲自教导自己的儿子，《诗经》中有讽刺君主的话，《礼记》中有规避嫌疑的劝诫，《尚书》中有悖逆作乱的事，《春秋》中有对荒淫之事的抨击，《易经》中有准备事物以防万一的卦象：这些道理父亲都没办法直接跟子女讲，所以说君子不亲自教授自己的子女。"

【原文】

齐武成帝子琅邪王，太子母弟①也，生而聪慧，帝及后并笃爱之，衣服饮食，与东宫相准②。帝每面称之曰："此黠儿也，当有所成。"及太子即位，王居别宫，礼数优僭，不与诸王等；太后犹谓不足，尝以为言。年十许岁，骄恣无节，器服玩好，必拟乘舆；常朝南殿，见典御③进新冰，钩盾献早李，还索不得，遂大怒，询曰："至尊已有，我何意无？"不知分齐④，率皆如此。识者多有叔段、州吁之讥。后嫌宰相，遂矫诏斩之，又惧有救，乃勒麾下军士，防守殿门；既无反心，受劳而罢，后竟坐此幽薨。

【注释】

①母弟：指同一个母亲所生的胞弟。

②准：对比，比照。

③典御：司管君王饮食的官吏。

④分齐（jì）：受本分限定。不知分齐可以理解为不懂分寸。

【译文】

齐武成帝的儿子琅邪王是太子的胞弟，天资聪慧，齐武成帝和皇后都非常爱他，不论服饰还是饮食，标准都与太子看齐。齐武成帝经常当面称赞他说："这个聪明的孩子，以后一定会有所成就。"等太子即位之后，琅邪王就住到别的宫殿中去了，但他的待遇仍旧非常优厚，与诸位王储不在一个水平上；但皇后认为这还是不够，常常为此向皇帝进言。年纪才十来岁，却骄横肆意不懂节制，器物服饰玩物喜好都要向皇帝看齐；曾经在南殿朝拜时，看见典御官进献新取出的冰块，钩盾进献新出的李子，琅邪王立即就想去拿，没拿到就大发雷霆，骂道："皇帝有，我为什么没有？"他不懂分寸，在所有的事情上都这样。有识之士都批判他是共叔段、州吁这一类的人。后来因为与宰相发生矛盾，便伪造圣旨将其杀掉，又担心有人来救，就勒令手下的军士去守卫宫殿的正门；虽然他没有造反的想法，受到安抚之后也退了兵，但最后还是因为这件事而被秘密处死。

【原文】

人之爱子，罕亦能均；自古及今，此弊多矣。贤俊者自可赏爱，顽鲁者亦当矜怜，有偏宠者，虽欲以厚之，更所以祸之。共叔之死，母实为之。赵王之戮，父实使之。刘表之倾宗覆族，袁绍之地裂兵亡，可为灵龟明鉴①也。

【注释】

①灵龟明鉴：古人用龟壳来占卜，用铜镜来照样子，一般用这两样东西来比喻能够明察的事。

【译文】

人们爱自己的孩子，很少有人能做到一视同仁，从古到今，这种弊病非常多。聪明俊秀的孩子自然能够得到赏识与喜爱，顽皮迟钝的孩子也应该加以怜惜。对孩子有偏爱之心的家长，虽然想用这种方式来厚爱他，没想到这样反而害了他。共叔段的死，其实是他的母亲造成的。赵王被杀，其实是他的父亲造成的。刘表的宗族被倾覆，袁绍损兵失地，这些都是可以让人明察的案例啊。

【原文】

齐朝有一士大夫，尝谓吾曰："我有一儿，年已十七，颇晓书疏，教其鲜卑语及弹琵琶，稍欲通解，以此伏事[①]公卿，无不宠爱，亦要事也。"吾时俛而不答。异哉，此人之教子也！若由此业，自致卿相，亦不愿汝曹为之。

【注释】

①伏事：服侍。伏，通"服"。

【译文】

齐朝有一个士大夫，曾经对我说："我有个儿子，年纪有十七岁了，很会写公文，教他学鲜卑语以及演奏琵琶，差不多都学会了，凭这些来服侍王公卿相，没有不被宠爱的，这也是一件重要的事情啊。"我当时低着头没有回答。这个人教育孩子的方法真是奇怪啊！如果通过这种办法去取悦他人，即使可以做到卿相，我也不希望你们这样去做。

三、兄弟

【题解】

一个家庭之中，除了夫妻、父子之外，感情最深厚的要数兄弟了，兄弟和睦与否也直接影响到一个家族未来的发展。本篇主要讲述兄弟之间的关系。

【原文】

夫有人民而后有夫妇，有夫妇而后有父子，有父子而后有兄弟：一家之亲，此三而已矣。自兹以往，至于九族，皆本于三亲焉，故于人伦为重者也，不可不笃。兄弟者，分形连气①之人也，方其幼也，父母左提右挈，前襟后裾，食则同案，衣则传服，学则连业，游则共方，虽有悖乱之人，不能不相爱也。及其壮也，各妻其妻，各子其子，虽有笃厚之人，不能不少衰也。娣姒②之比兄弟，则疏薄矣；今使疏薄之人，而节量亲厚之恩，犹方底而圆盖，必不合矣。惟友悌深至，不为旁人之所移者，免夫！

【注释】

①分形连气：指形体不同而气息却相通。

②娣姒（dì sì）：即妯娌。娣，弟妹。姒，嫂子。

【译文】

先有人民然后才有夫妇，有了夫妇然后才有了父子，有了父子然后才有兄弟：一个家庭之中的亲人，就是这三者。由这三者发散，就有了九族，九族都以三亲为本源，所以三亲是人伦关系中最重要的关系，不能够不重视。兄弟之间，虽然是不同的人但血脉相通，他们小的时候，父母左手牵一个右手带一个，一个抓着衣服前襟一个抓着衣服后摆，在同一个桌子上吃饭，将哥哥穿过的衣服传给弟弟，将哥哥用过的课本给弟弟用，就连游学也是去同一个地方。兄弟之间即使有悖逆胡来的人，也不会不相亲相爱。等他们成年之后，各自娶了妻子，各自生了孩子，即使感情深厚，也不可避免地要衰减一些。妯娌之间的感情相比兄弟而言，就更要淡一些了；如今让关系平淡的妯娌来节制度量兄弟之间的深厚感情，就好像四方的底座上盖了一个圆形的盖子，一定会不合适。只有兄弟之间感情深厚，并且不受别人的影响而改变，这种情况才能得以免除！

【原文】

二亲既殁，兄弟相顾，当如形之与影，声之与响；爱先人之遗体，惜己身之分气①，非兄弟何念哉？兄弟之际，异于他人，望深则易怨，地亲则易弭。譬犹居室，一穴则塞之，一隙则涂之，则无颓毁之虑；如雀鼠之不恤，风雨之不防，壁陷楹沦，无可救矣。仆妾之为雀鼠，妻子之为风雨，甚哉！

【注释】

①分气：分得来自父母的血气。

【译文】

父母离世之后，兄弟要相互照顾，要像形体与影子那样，声音与回音一样；爱惜先人所遗赠的躯体，珍惜从父母那里分得的血气，不是兄弟又怎么会这样怜惜呢？兄弟间的关系与其他人不同，期望过深就容易结怨，互相亲密就容易消除积怨。就跟住的房子一样，破了一个洞就把它塞住，裂了一条缝就把它糊上，这样就不会有垮塌的顾虑了；如果对于麻雀和老鼠所造成的危害不加关心，对风雨造成的破坏不加防范，等到墙壁倒塌楹梁断裂的时候，就没有挽救的可能了。相比于麻雀老鼠和狂风暴雨，仆人妾女和妻子孩子的威力更加厉害啊。

【原文】

兄弟不睦，则子侄不爱；子侄不爱，则群从[①]疏薄；群从疏薄，则僮仆为仇敌矣。如此，则行路皆踖[②]其面而蹈其心，谁救之哉？人或交天下之士，皆有欢爱，而失敬于兄者，何其能多而不能少也！人或将数万之师，得其死力，而失恩于弟者，何其能疏而不能亲也！

【注释】

①群从：一个家族中与“子侄”辈分相同的子弟。

②踖（jí）：用脚踩踏。

【译文】

兄弟二人不和睦，那么子侄之间就不会相互关爱；子侄之间不相互关爱，那么家族之中其他子弟的关系也会日渐疏远；家族中其他子弟的关系疏远，童仆之间可能就会互相结为仇敌。这样一来，如果陌生人肆意践踏他们的身心，谁还会来救他们呢？有的人能够与天下的人结交，和他们关系融洽，却无法尊敬自己的兄长，为什么他能与大多数人相处却不能与少数的兄长相处呢？有的人能够率领数万人的军队，让士兵誓死为他效力，却不能恩惠自己的弟弟，为什么他能与关系疏远的人相处却不能与自己的亲人相处呢?

【原文】

娣姒者，多争之地也，使骨肉居之，亦不若各归四海，感霜露而相思，伫日月之相望也。况以行路之人，处多争之地，能无闲者，鲜矣。所以然者，以其当公务而执私情，处重责而怀薄义也；若能恕己[①]而行，换子而抚，则此患不生矣。

【注释】

①恕己：宽恕自己，文中指用宽恕自己的态度去宽恕他人。

【译文】

妯娌之间容易产生纷争，即使是住在一起的同胞姐妹，也应让她们各自远嫁他方，让她们感叹风霜雨露而相互思念，久久地站立看着日月而盼望相见。何况妯娌本身都是陌生人，处于一种容易产生纷争的境地，很少有人能够互相不产生嫌隙。之所以会这样，是因为大家在处理公家事情的时候都带有私心，身担重要的责任却心怀个人的情义；要是妯娌都能用宽恕自己的态度去宽恕他人，能像抚育自己的孩子一样去抚养子侄，那么这种隐患就不复存在了。

【原文】

人之事兄，不可同于事父，何怨爱弟不及爱子乎？是反照[①]而不明也。沛国刘琎，尝与兄瓛连栋隔壁，瓛呼之数声不应，良久方答；瓛怪问之，乃曰：“向来[2]未着衣帽故也。”以此事兄，可以免矣。

【注释】

①反照：本指照镜子，文中指没有将“事兄不同于事父”和“爱弟不及爱子”两件事比照来看。

②向来：刚刚。

【译文】

人们认为侍奉兄长，不能跟侍奉父亲一样，那又为什么要埋怨对弟弟的关爱比不上对孩子的关爱呢？这就是因为没有将这二者之间进行对比，所以没有弄清楚啊。沛国刘琎的房子曾经与哥哥刘瓛的房子相连，两人隔着墙壁而住。一次刘瓛喊了刘琎好几声，刘琎都没有回应，过了很久才回答。刘瓛对此感到奇怪便问他，刘琎说：“是因为刚刚我还没有穿好衣服戴好帽子。”以这样的态度来侍奉兄长，这种顾虑也可以免除了。

【原文】

江陵王玄绍，弟孝英、子敏，兄弟三人，特相爱友，所得甘旨新异，非共聚食，必不先尝，孜孜色貌，相见如不足者。及西台陷没，玄绍以形体魁梧，为兵所围；二弟争共抱持，各求代死，终不得解，遂并命[1]尔。

【注释】

①并命：跟着一起死去，为南北朝时期人们的习惯用语。

【译文】

江陵城的王玄绍，跟他的弟弟孝英、子敏一共兄弟三人，相互之间特别友爱，要是得到了新奇美味的佳肴，除非是一块儿共享，否则谁也不会率先品尝，热诚的态度溢于言表，每次相见都好像待不够一样。到了西台被攻陷的时候，玄绍因为身形魁梧而被士兵围困，两个弟弟争相抱着他，各自请求代替哥哥去死，最终不能解除他们的厄运，三个人一同死去。

四、后娶

【题解】

继父继母如何与前任的子女相处，一直以来是一个困扰家庭的难题。本篇主要讲述妻子死后丈夫再续弦的问题，强调续弦一事务必慎重考虑。

【原文】

吉甫，贤父也，伯奇，孝子也，以贤父御孝子，合得终于天性，而后妻间之，伯奇遂放。曾参妇死，谓其子曰："吾不及吉甫，汝不及伯奇。"王骏丧妻，亦谓人曰："我不及曾参，子不如华、元。"并终身不娶，此等足以为诫。其后，假继①惨虐孤遗，离间骨肉，伤心断肠者，何可胜数。慎之哉！慎之哉！

【注释】

①假继：指继母。

【译文】

吉甫是一个贤明的父亲，伯奇是一个孝顺的儿子，以贤明的父亲来管教孝顺的儿子，两人应该是能和睦相处，共享天伦的，但是续弦的后妻离间了父子之间的关系，伯奇放逐了儿子。曾参的妻子死了之后，曾参对儿子说："我比不上吉甫，你比不上伯奇。所以我就不再续弦了。"王骏在料理妻子丧事的时候，也对别人说："我比不上曾参，我的儿子也比不上曾华、曾元，所以不再续弦。”曾参、王骏终身不娶，这等事例都足够引以为戒。除他们二人之外，继母残忍地虐待前妻的孩子，离间骨肉之间的亲情，做那些让人伤心断肠的事情，这种事哪能数得清？要慎重，要慎重啊！

【原文】

江左不讳庶孽[①]，丧室之后，多以妾媵终家事；疥癣蚊虻[②]，或未能免，限以大分[③]，故稀斗阋之耻。河北鄙于侧出，不预人流[④]，是以必须重娶，至于三四，母年有少于子者。后母之弟，与前妇之兄，衣服饮食，爰及婚宦，至于士庶贵贱之隔，俗以为常。身没之后，辞讼盈公门，谤辱彰道路，子诬母为妾，弟黜兄为佣，播扬先人之辞迹，暴露祖考之长短，以求直己者，往往而有。悲夫！自古奸臣佞妾，以一言陷人者众矣！况夫妇之义，晓夕移之，婢仆求容，助相说引，积年累月，安有孝子乎？此不可不畏。

【注释】

①庶孽：妾所生的子女。后文“侧出”亦同。

②疥癣蚊虻：家庭内部的纠纷琐事。

③大分：名分。

④人流：这里指有身份的人群。

【译文】

长江以东的人们不避讳妾所生的子女，正妻死后，家事大多交给其他的妾来掌管；家庭内部的纠纷琐事是难以避免的，由于妾的名分有限，兄弟争斗这种耻辱的事情还是很少发生。黄河北边的人鄙视妾所生的子女，不给他们平等的身份地位，正妻死后，就必须重新娶妻，甚至有娶了三四次，母亲的年纪比儿子还小的情况。后娶的妻子所生的孩子跟前任妻子所生的孩子，在穿衣吃饭，乃至婚嫁为官等方面，都有士族与庶民、贵族和贱民的差别，当地风俗将这视为常态。父亲去世之后，家中因纠纷而产生的官司充满了衙门，诽谤辱骂等声音在路边上都能听见，如前任妻子的孩子诬称后母是妾女，后母生的孩子将死去母亲的孩子贬为佣人，争相将死去父亲的私事大肆宣扬，将是非长短予以曝光，以这类方式来证明自己是正直的人屡见不鲜。真是悲哀啊！自古以来，那些奸佞的臣子和妾女凭一句话就能陷害他人的事情太多了。何况续弦的妻子借助夫妻之间的情义，每天从早到晚都在排挤前任妻子相关的人事，奴仆为了讨好主人也在一旁说话诱导，经年累月，哪里还有孝子呢？这不得不让人心生畏惧啊！

【原文】

凡庸之性，后夫多宠前夫之孤，后妻必虐前妻之子；非唯妇人怀嫉妒之情，丈夫有沈惑之僻，亦事势使之然也。前夫之孤，不敢与我子争家，提携鞠养，积习生爱，故宠之；前妻之子，每居己生之上，宦学[①]婚嫁，莫不为防焉，故虐之。异姓宠则父母被怨，继亲虐则兄弟为仇，家有此者，皆门户之祸也。

【注释】

①宦学：当官，修学。

【译文】

按一般人的习性，后夫大多会宠爱前夫的孩子，后妻一定会虐待前妻的孩子；这不仅是因为妇人生来有嫉妒之心，男子生来就有受诱惑的习性。前夫的子女，不敢与自己的孩子争夺家产，从小将他抚养长大，慢慢也会产生爱心，所以后夫会对他加以宠爱；前妻的孩子，年龄与地位都在自己所生的孩子之上，当官、修学、结婚，没有一样不需要防备的，所以后妻会虐待他。宠爱性别不同的孩子，父母会被自己的孩子埋怨，继母虐待前妻的孩子，兄弟之间就会结为仇家，家中有这类问题的，都是家族中的祸患。

【原文】

思鲁等从舅[①]殷外臣，博达之士也。有子基、谌，皆已成立，而再娶王氏。基每拜见后母，感慕呜咽，不能自持，家人莫忍仰视。王亦凄怆，不知所容，旬月求退，便以礼遣，此亦悔事也。

【注释】

①从舅：指母亲这方的叔伯兄弟等亲属。

【译文】

思鲁等孩子的堂舅殷外臣是一个学识广博的人。他的儿子基、谌都已经长大成人，殷外臣在妻子死后又娶了王氏。基每次拜见后母的时候，都会因为感怀思念亲生母亲而哭泣，并且把持不住，家人也不忍心抬起头看他。王氏也感到凄凉悲怆，不知道该怎么办，结婚不足旬月就请求退婚，殷外臣便按照礼节将她遣送回去，这也是一件让人后悔的事情。

五、治家

【题解】

治家与治国从本质上而言有着极大的共通性，要上行下效、赏罚分明。本篇主要就治家的理论与观点进行了系统阐述。

【原文】

夫风化者，自上而行于下者也，自先而施于后者也。是以父不慈则子不孝，兄不友则弟不恭，夫不义则妇不顺矣。父慈而子逆，兄友而弟傲，夫义而妇陵①，则天之凶民，乃刑戮之所摄，非训导之所移也。

【注释】

①陵：通“凌”，欺凌，凌辱。

【译文】

风俗教化这种事情，是要从上到下去推进的，要先人对后人施加影响。所以，父亲不慈爱儿子就不会孝顺，兄长不友善弟弟就不会恭敬，丈夫不仁义妻子就不会顺从。如果父亲慈爱但儿子忤逆，兄长友善但弟弟傲慢，丈夫仁义但妻子盛气凌人，那他们就是天生的凶恶之人，只有刑罚与杀戮才能震慑，教育引导是无法改变的。

【原文】

笞怒废于家，则竖子①之过立见；刑罚不中，则民无所措手足。治家之宽猛，亦犹国焉。

【注释】

①竖子：尚未成年的孩子。

【译文】

若将家庭鞭笞的刑罚取消，未成年的孩子的过错立马就会出现；若国家的刑罚不恰当，百姓就不知道该怎么做。治理家庭的范围与力度，也要跟治理国家一样。

【原文】

孔子曰："奢则不孙[①]，俭则固；与其不孙也，宁固。"又云："如有周公之才之美，使骄且吝，其余不足观也已。"然则可俭而不可吝已。俭者，省约为礼之谓也；吝者，穷急不恤之谓也。今有施则奢，俭则吝；如能施而不奢，俭而不吝，可矣。

【注释】

①孙：同"逊"，恭顺。

【译文】

孔子说过："奢侈就不恭顺，勤俭就会鄙陋，与其不恭顺，宁愿鄙陋。"还说过："要是有周公那样的才华与美德，假使他骄横并且吝啬，其他的也就不值一提了。"这样说来，就是要节俭但是不可以吝啬。节俭是指符合礼数的省用节约；吝啬是指对穷困紧急也不加体恤。如今能够施舍的人却非常奢侈，节俭的人却又非常吝啬；要是能施舍而不奢侈，节俭又不吝啬，就好了。

【原文】

生民之本，要当稼穑而食，桑麻以衣。蔬果之畜，园场之所产；鸡豚之善[①]，埘圈之所生。爰及栋宇器械，樵苏[2]脂烛，莫非种殖之物也。至能守其业者，闭门而为生之具以足，但家无盐井耳。今北土风俗，率能躬俭节用，以赡衣食；江南奢侈，多不逮焉。

【注释】

①善：通“膳”，膳食，美食。

②樵苏：专供燃烧的枯柴干草。

【译文】

百姓生存的根本，最要紧的是用种植庄稼的方式来解决吃饭的问题，用种植桑麻的方式来解决穿衣的问题。蔬菜瓜果的存蓄依靠果园菜地的生产，鸡肉猪肉等美食依靠鸡窝猪圈的畜养。乃至房屋用具、柴火蜡烛，这些都来自种植和养殖的东西。至于那些能够经营自己家业的，即使闭门在家，生活用品也非常充足，只是家中没有井盐而已。如今北方地区的风俗，大多都能做到勤俭节约，确保穿衣吃饭的需求；江南则较为奢侈，大多都不如北方人会持家。

【原文】

梁孝元世，有中书舍人[1]，治家失度，而过严刻，妻妾遂共货刺客，伺醉而杀之。

【注释】

①中书舍人：中书省官职名，有较大权力，多负责起草诏令。

【译文】

梁朝孝元帝时期，有一位中书舍人，因为治理家庭有失分寸，过于严苛，他的妻妾就联合起来买通刺客，趁着他喝醉之后将他杀了。

【原文】

世间名士，但务宽仁；至于饮食饷馈，僮仆减损，施惠然诺，妻子节量，狎侮宾客，侵耗[1]乡党：此亦为家之巨蠹矣。

【注释】

①侵耗：侵犯损耗。

【译文】

现在世间的有名之人，只要是治理家庭就讲求宽厚仁爱；但在吃饭饮食和馈赠的物品上，仆人都能私自扣减，按照诺言要施惠给他人的东西，妻子孩子会减少其中的数量，还会发生侮辱宾客、侵犯损耗乡里乡亲利益的事情。这也是家庭之中的一大害虫啊。

【原文】

齐吏部侍郎房文烈，未尝嗔怒，经霖雨[1]绝粮，遣婢籴米[2]，因尔逃窜，三四许日，方复擒之。房徐曰："举家无食，汝何处来？"竟无捶挞。尝寄人宅，奴婢彻屋为薪略尽，闻之颦蹙[3]，卒无一言。

【注释】

①霖雨：指雨期长雨量大的大雨。

②籴（dí）米：买米。

③颦蹙（pín cù）：皱起眉毛锁紧额头的样子，一般用来形容人不高兴。

【译文】

齐朝吏部侍郎房文烈还没有对别人发过怒，一次连绵

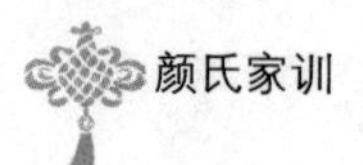

大雨，家中断了粮，他派遣一个奴婢去买米，奴婢就趁机逃走了，大概过了三四天才被抓了回来。房文烈语速和缓地说："全家都没有饭吃，你跑哪里去了？"竟然没有鞭打她。房文烈曾经把自己的房子借给别人住，结果那家人的奴婢将他的房子拆了当柴烧，几乎都烧光了，他听到这个消息后，也只是皱了皱眉头，到最后都没说一句话。

【原文】

裴子野有疏亲故属饥寒不能自济者，皆收养之；家素清贫，时逢水旱，二石米为薄粥，仅得遍焉，躬自同之，常无厌色。邺下有一领军，贪积已甚，家僮八百，誓满一千；朝夕每人肴膳，以十五钱为率，遇有客旅，更无以兼。后坐事伏法，籍其家产，麻鞋一屋，弊衣数库，其余财宝，不可胜言。南阳有人，为生奥博[①]，性殊俭吝，冬至后女婿谒之，乃设一铜瓯酒，数脔獐肉；婿恨其单率，一举尽之。主人愕然，俛仰命益，如此者再；退而责其女曰："某郎好酒，故汝常贫。"及其死后，诸子争财，兄遂杀弟。

【注释】

①奥博：指积蓄丰厚。

【译文】

裴子野的远房亲戚或老旧部下无法自己养活自己时，他就会把他们都收养下来；裴子野家向来清贫，有时碰上水灾旱灾，用两石米煮成稀饭，家里人也只能随便喝一点，他跟大家一块儿喝，脸上从来没有显露出厌烦的表情。邺下有一个领兵的将军，贪得无厌，积财众多，家中童仆八百人，还发誓要雇满一千人；早晚每个人的伙食，都以十五钱作为标准，遇到客人上门，也不会增加。后来因为犯法被抓，在清点登记家产时，麻鞋就收了一屋子，破旧衣服堆满了几个仓库，其他的财宝更是说都说不清。南阳有个人，一辈子积蓄丰厚，但生性非常吝啬，冬至之后女婿上门拜访，他就准备了一铜瓯酒和几小块獐子肉；女婿记恨他简慢小气，一口气吃掉了所有的东西。主人对此表示惊愕，只得让人再加酒加菜，后来又像这样加了一次。退席之后他就责备女儿说："你的丈夫喜欢喝酒，所以你经常没钱。"等到他死后，几个儿子相互争夺财产，结果兄长把弟弟给杀了。

【原文】

妇主中馈[①]，惟事酒食衣服之礼耳，国不可使预政，家不可使干蛊；如有聪明才智，识达古今，正当辅佐君子，助其不足，必无牝鸡[②]晨鸣，以致祸也。

【注释】

①中馈：指女人在家负责做饭等家务事情。

②牝（pìn）鸡：母鸡。

【译文】

女人在家做饭操劳家事，就是准备美酒膳食衣服等礼节之类的事情，对国家而言，不能让女人干预政事，不能让女人主管家事；如果确实有聪明过人的才学智慧，见识博古通今，正确的做法应当是辅佐自己的丈夫，弥补他的不足，而不是像母鸡代替公鸡早上报晓一样，这会招致祸患。

【原文】

江东妇女，略无交游，其婚姻之家，或十数年间，未相识者，惟以信命赠遗，致殷勤焉。邺下风俗，专以妇持门户，争讼曲直，造请逢迎，车乘填街衢，绮罗盈府寺[①]，代子求官，为夫诉屈。此乃恒、代之遗风乎？南间贫素，皆事外饰，车乘衣服，必贵整齐；家人妻子，不免饥寒。河北人事，多由内政，绮罗金翠，不可废阙，羸马悴奴，仅充而已；倡和之礼，或尔汝[②]之。

【注释】

①府寺：指郡国官署。

②尔汝：夫妻之间相互轻贱的称谓。

【译文】

江东一带的妇女，交流很少，结婚之后，婆家与娘家双方，有的十多年了都互相不认识，只是派人传达问候馈赠礼物，致以各自的好意罢了。按照邺下的风俗习惯，女人专门负责当家，与外人争辩是非曲直，进行人情往来，车辆挤满了大街小巷，穿着华丽的衣服站在官署门口代替儿子求得官职，为丈夫喊冤叫屈。这是恒、代地区遗留下来的风俗吗？南方地区，即使是贫困人家，都非常注重外表的修饰，拉车马匹和穿的衣服一定要显贵而且整齐；家中的妻子儿女却难免处于饥寒交迫之中。黄河北边的人事往来也大多由女人负责，所以锦衣华服和金银翡翠都是不能少的东西，瘦弱的马匹和憔悴的奴仆只是用来给家中充数罢了；至于夫唱妇随的礼节，可能已经被夫妻之间相互轻贱的称谓给取代了。

【原文】

河北妇人，织纴组紃[①]之事，黼黻[②]锦绣罗绮之工，大优于江东也。

【注释】

①织纴（rèn）组紃（xún）：指女人做的纺织之类的事情。

②黼黻（fǔ fú）：礼服上绣的花纹。

【译文】

河北一带的妇女，纺织或者在礼服上刺绣的功夫都要远远好过江东一带的妇女。

【原文】

太公曰："养女太多，一费也。"陈蕃曰："盗不过五女之门。"女之为累，亦以深矣。然天生蒸民[①]，先人传体，其如之何？世人多不举女，贼行骨肉，岂当如此，而望福于天乎？吾有疏亲，家饶妓媵，诞育将及，便遣阍竖[②]守之。体有不安，窥窗倚户，若生女者，辄持将去；母随号泣，使人不忍闻也。

【注释】

①蒸民：所有百姓。蒸，众。

②阍（hūn）竖：门童。

【译文】

姜太公说："生养太多的女儿是一种浪费。"陈蕃说："盗贼都不从有五个女儿的人家门口经过。"女儿带来的负担太重了。但所有的老百姓都是天生而来，都是先人授予的躯体，又能怎么办呢？世间的大多数人都不愿意将女儿抚养成人，即使是生下来的骨肉也会将其残杀，难道这样做，还奢望向上苍祈求福祉吗？我有一个远房亲戚，家中很多姬妾，等到快要生育的时候，就派门童前去把守。等到生产的时候，就从窗外向屋里窥探，如果生下来的是女儿，就直接抢走，生母随即号啕大哭，让人都不忍心听到。

【原文】

妇人之性，率宠子婿而虐儿妇。宠婿，则兄弟之怨生焉；虐妇，则姊妹之谗行焉。然则女之行留，皆得罪于其家者，母实为之。至有谚云："落索[①]阿姑餐。"此其相报也。家之常弊，可不诫哉！

【注释】

①落索：古代的俗语，冷落萧瑟。

【译文】

大多女人的天性就是宠爱女婿而虐待媳妇。宠爱女婿，儿子与女婿之间的恩怨由此产生；虐待媳妇，媳妇和女儿之间的谗言就随之到来。这样一来，女儿嫁到他人家或留在家中，都会得罪家里的人，这确实是母亲造成的。所以有谚语说："婆婆吃饭冷冷清清。"这就是相互的报应。这是家中常有的弊端，不能不戒备啊！

【原文】

婚姻素对[①]，靖侯成规。近世嫁娶，遂有卖女纳财，买妇输绢，比量父祖，计较锱铢，责多还少，市井无异。或猥婿在门，或傲妇擅室，贪荣求利，反招羞耻，可不慎欤！

【注释】

①素对：文中意指找清白的人家配对。

【译文】

男女结婚时要找清白的人家来婚配，这是靖侯立下的规矩。近年来的嫁娶，居然有人用贩卖女儿的方式来赚钱，用财礼来购买媳妇，比对考量对方父亲祖辈的地位，在细节上面斤斤计较，都想多要一点少付出一点，跟市场上的商贩没什么两样。因此有的人把猥琐的女婿招进了门，有的人把傲慢的媳妇娶进了家，贪图荣华追求利益，反而招致家族蒙羞，这就是不慎重的表现啊！

【原文】

借人典籍，皆须爱护，先有缺坏，就为补治，此亦士大夫百行[1]之一也。济阳江禄，读书未竟，虽有急速，必待卷束整齐，然后得起，故无损败，人不厌其求假焉。或有狼籍几案，分散部帙[2]，多为童幼婢妾之所点污，风雨虫鼠之所毁伤，实为累德。吾每读圣人之书，未尝不肃敬对之；其故纸有《五经》词义，及贤达姓名，不敢秽用也。

【注释】

①百行：修身立行的百条事宜，由古代士大夫订立的。

②帙（zhì）：装书用的布套子。

【译文】

借用别人的书籍，都必须加以爱护，借来的时候如果坏了，就要帮别人补好，这也是士大夫订立的百条事宜中的一条啊。济阳的江禄，如果书没有读完，哪怕遇上紧急的事情，也要把书卷放整齐，然后才起身，所以没有什么损坏，别人也不对他借书的行为表示厌烦。有的人书桌上狼藉不堪，分散开的书卷书套大多被小孩奴婢和侍妾弄脏，或者因为风雨的吹打虫鼠的啃咬而损坏，这确实是不道德的。我每次读圣人的书，从来不会不严肃不认真地对待；废旧的纸张上如果写着《五经》上的句子，或者写有圣贤的姓名，都不敢拿来用在污秽的地方。

【原文】

吾家巫觋[①]祷请，绝于言议；符书章醮[②]亦无祈焉，并汝曹所见也。勿为妖妄之费。

【注释】

①巫觋（xí）：男女巫师的统称。

②醮（jiào）：道士开坛作法。文中“符书章醮”指的是道士作法时念的符文文书。

【译文】

我们家不请巫师前来作法祈祷，也不用写满符文的文书去做祈祷，这都是你们所看到的。不要为这种邪门虚妄的事情破费。

六、风操

【题解】

士大夫应该讲究风度节操，但不应一味遵守古制，不应唯风操是举。本篇主要讲述了士大夫应该如何遵守风操、待人接物的问题。

【原文】

吾观《礼经》，圣人之教：箕帚匕箸，咳唾[①]唯诺，执烛沃盥，皆有节文，亦为至矣。但既残缺，非复全书；其有所不载，及世事变改者，学达君子，自为节度，相承行之，故世号士大夫风操。而家门颇有不同，所见互称长短；然其阡陌，亦自可知。昔在江南，目能视而见之，耳能听而闻之；蓬生麻中，不劳翰墨。汝曹生于戎马之间，视听之所不晓，故聊记录，以传示子孙。

【注释】

①咳唾：文中指人说的话。

【译文】

我看到圣人在《礼经》上面教诲道：怎样使用簸箕扫帚，怎样使用勺子筷子，怎样得体地回答他人的话语，怎样拿着蜡烛侍奉长辈盥洗，这些礼数节制都是有文字记载的，而且描述得非常到位。但书已经残缺，不是完整版本；有些礼数并没有记载到书中，有些礼数因为世间事物的变迁而改变了，博学通达的君子，自己设立了一些标准，相互传承并沿袭了下来，所以人们把它称作士大夫的风度节操。家庭之间的情况有很大不同，对于看到的一些礼数的评价也都有好有坏，但大体上的框架还是都知道的。昔日在江南的时候，我也亲眼见到或者亲自听到一些礼仪规范；就像蓬草在麻地中生长，不需要加以规范也能长得笔直。你们在兵荒马乱的年间生长，自然看不到也听不到这些礼数，所以我姑且把它们记录下来，让后代的子孙们能够传看。

【原文】

《礼》曰："见似目瞿[①]，闻名心瞿。"有所感触，恻怆心眼；若在从容平常之地，幸须申其情耳。必不可避，亦当忍之；犹如伯叔兄弟，酷类先人，可得终身肠断，与之绝耶？又："临文不讳，庙中不讳，君所无私讳。"益知闻名，须有消息[②]，不必期于颠沛而走也。梁世谢举，甚有声誉，闻讳必哭，为世所讥。又有臧逢世，臧严之子也，笃学修行，不坠门风；孝元经牧江州，遣往建昌督事，郡县民庶，竞修笺书，朝夕辐辏，几案盈积，书有称"严寒"者，必对之流涕，不省取记，多废公事，物情怨骇，竟以不办而还。此并过事也。

【注释】

①瞿：恭谨的样子。

②消息：考虑、斟酌。

【译文】

《礼记》上说："看到跟父母相似的容貌，眼神就要显得恭谨，听到过世父母的名字，内心就要起敬。"这是因为眼睛的所见和耳朵的所闻触动了内心；如果是在一般的地方看到听到，还可以宣泄一下心中的情绪；如果是在不可回避的地方，也只好忍着了。就好像如果自己的伯伯叔叔兄长弟弟长得跟过世的父亲一样，你能一见到他就痛苦到肠断，并且不与他往来吗？《礼记》中还提道：“写文章的时候不用避讳，在庙堂之中不用避讳，在君主面前不用避讳。”这就让我们进一步知道，听到这些消息，不需要表现得不安甚至掉头就跑。梁朝时期的谢举，名望很高，听到有人叫父母的名讳就会哭泣，后来被世人所讥笑。还有一位臧逢世，他是臧严的儿子，努力学习修炼操行，没有败坏家门风气；梁元帝在江州担任刺史的时候，他被派遣到建昌督导政务，当地百姓争相给他写信，从早到晚车马不停地往来送信，几案上的信件都堆得满满的，如果书信中写着“严寒”一类的字样，他就会对着信泪流满面，以至于忘记读信回信，经常耽误公事，睹物思情以至于民怨严重，最终因为无法工作而被遣返。这些都是避讳失当的事例啊。

【原文】

近在扬都，有一士人讳审，而与沈氏交结周厚，沈与其书，名而不姓，此非人情也。

【译文】

最近在扬州，有一位士人忌讳看到“审”字，他跟一位姓沈的人有着深厚的交情，姓沈的人给他写信，只写名而不写姓，这也不合乎人之常情啊。

【原文】

凡避讳者，皆须得其同训以代换之：桓公名白，博[①]有五皓之称；厉王名长，琴有修短之目。不闻谓布帛为布皓，呼肾肠为肾修也。梁武小名阿练，子孙皆呼练为绢；乃谓销炼物为销绢物，恐乖[②]其义。或有讳云者，呼纷纭为纷烟；有讳桐者，呼梧桐树为白铁树，便似戏笑耳。

【注释】

①博：古代一种局戏的名称。

②乖：违背、背离。

【译文】

要避讳的文字，都要用它的同义词来替换：齐桓公名为小白，所以博戏中的“五白”就叫成了“五皓”；厉王名为长，所以“琴有长短”就叫成了“琴有修短”。不过没有把“布帛”称为“布皓”的叫法，没有把“肾肠”称为“肾修”的讲法。梁武帝小名叫阿练，所以他的子孙后代都把练叫作绢。但是把“销炼物”叫成“销绢物”，恐怕就违背了它本来的意义。有的人忌讳用“云”字，所以把“纷纭”说成“纷烟”；有的人忌讳用“桐”字，所以把“梧桐树”叫成“白铁树”，这就有点像开玩笑了。

【原文】

周公名子曰禽，孔子名儿曰鲤，止在其身，自可无禁。至若卫侯、魏公子、楚太子，皆名虮虱；长卿名犬子，王修名狗子，上有连及[①]，理未为通，古之所行，今之所笑也。北土多有名儿为驴驹、豚子者，使其自称及兄弟所名，亦何忍哉？前汉有尹翁归，后汉有郑翁归，梁家亦有孔翁归，又有顾翁宠；晋代有许思妣、孟少孤，如此名字，幸当避之。

【注释】

①连及：关联、涉及。

【译文】

周公给儿子取名为禽，孔子给儿子取名为鲤，这些名字只跟对应的人有关系，自然没有什么要禁止的。但是像卫侯、魏公子、楚太子等人都用“虮虱”来当名字；长卿名为“犬子”，王修名为“狗子”，与他们的父辈产生了关联，这就说不通道理了，古人做的事情成为今人的笑谈。北方土地上有很多给儿子起名为“驴狗”“豚子”的，假使他们这样叫自己或者兄弟这样叫他们，又怎么能忍受得了呢？前汉有一个尹翁归，后汉有一个郑翁归，梁朝又有一个孔翁归，还有一个顾翁归；晋代有人叫许思妣、孟少孤，像这样的名字，还是不要取比较好。

【原文】

今人避讳，更急[①]于古。凡名子者，当为孙地。吾亲识中有讳襄、讳友、讳同、讳清、讳和、讳禹，交疏造次，一座百犯，闻者辛苦，无憀赖焉。

【注释】

①急：严厉、严格。

【译文】

现在的人讲究避讳，比古人还要严格。但凡为儿子命名的人，应给孙子留下余地。我认识的亲戚中就有避讳“襄”“友”“同”“清”“和”“禹”等字的，关系生疏的人在仓促之中，很容易就触犯了他人的忌讳，听到的人内心苦楚，不知道该怎么办才好。

【原文】

昔司马长卿慕蔺相如，故名相如，顾元叹慕蔡邕，故名雍，而后汉有朱伥字孙卿，许暹字颜回，梁世有庾晏婴、祖孙登，连古人姓为名字，亦鄙事也。

【译文】

昔日的司马长卿仰慕蔺相如，所以就改名为相如，顾源仰慕蔡邕，所以就改名为雍，后汉时期有个叫朱伥的人字孙卿，许暹字颜回，梁朝有人叫庾晏婴、祖孙登，这种把古人的姓名字号作为自己名字的行为也算是卑贱的事情了。

【原文】

昔刘文饶不忍骂奴为畜产，今世愚人遂以相戏，或有指名为豚犊者：有识傍观，犹欲掩耳，况当之者乎？

【译文】

昔日的刘文饶不忍心把奴才骂为畜生，现在那些愚蠢的人却用这些字眼来互相开玩笑，还有人指名道姓地叫别人豚犊的，稍有见识的旁观者都会掩着耳朵，更何况是当事人呢？

【原文】

近在议曹，共平章①百官秩禄，有一显贵，当世名臣，意嫌所议过厚。齐朝有一两士族文学之人，谓此贵曰：“今日天下大同，须为百代典式，岂得尚作关中旧意？明公定是陶朱公大儿耳！”彼此欢笑，不以为嫌。

【注释】

①平章：商量处理。

【译文】

最近我在议草部门参与评定诸多官员的俸禄标准问题，有一位显达的贵人，他是当今的有名臣子，认为大家讨论的标准过于丰厚。齐朝有一两个搞文学的士族对他说："如今天下统一，我们要为后面的世世代代做典范，怎么能够按照关中的旧制度来办呢？您一定是陶朱公的大儿子吧！"彼此之间欢笑不止，也不认为对方讨厌。

【原文】

昔侯霸之子孙，称其祖父曰家公；陈思王称其父为家父，母为家母；潘尼称其祖曰家祖：古人之所行，今人之所笑也。今南北风俗，言其祖及二亲，无云家者；田里猥人，方有此言耳。凡与人言，言已世父，以次第称之，不云家者，以尊于父，不敢家也。凡言姑姊妹女子子[①]：已嫁，则以夫氏称之；在室，则以次第称之。言礼成他族[②]，不得云家也。子孙不得称家者，轻略之也。蔡邕书集，呼其姑姊为家姑家姊；班固书集，亦云家孙：今并不行也。

【注释】

①女子子：即女子。

②礼成他族：礼成之后成为他家人，指女子出嫁后成为婆家人。

【译文】

昔日侯霸的子孙将他们的祖父叫作家公；陈思王将他

的父亲称为家父，将母亲称为家母；潘尼将他的祖辈称为家祖：古人这样的叫法，要被现代人所嘲笑了。按如今南方北方的风俗，提及祖辈和父母双亲时，没有再称“家”的了；那些种田的粗人还是这么说。但凡与别人说话，提到自己的伯父时，要按照父辈的排行来叫，而不称“家”，因为伯父比父亲尊长，所以不敢称他为“家”。但凡提到姑姑姊妹等女子时，对于已经嫁人的，就要用她丈夫的姓氏来叫；在家待嫁的，要按照长幼顺序来叫。有道是“完婚成家，嫁入婆家”，所以不能再说“家”。子孙不能称“家”，这是对他们的轻视忽略。蔡邕在书中称他的姑姑姊妹为“家姑”“家姊”；班固在书中也说“家孙”，现在已经不流行这种说法了。

【原文】

凡与人言，称彼祖父母、世父母、父母及长姑，皆加尊字，自叔父母已下，则加贤字，尊卑之差也。王羲之书，称彼之母与自称己母同，不云尊字，今所非也。

【译文】

但凡与人说话，称呼对方的祖父母、伯父母、父母以及长姑时，都要在称谓前加一个“尊”字，从叔父母往下，则要加一个“贤”字，这是尊卑的差别。王羲之在书信中称呼对方母亲和自己母亲都一样，没有说“尊”字，现在人们已经不这样了。

【原文】

南人冬至岁首，不诣[①]丧家；若不修书，则过节束带以申慰。北人至岁之日，重行吊礼；礼无明文，则吾不取。南人宾至不迎，相见捧手而不揖，送客下席而已；北人迎送并至门，相见则揖，皆古之道也，吾善其迎揖。

【注释】

①诣：去，到。

【译文】

南方人在冬至、岁首这两个节气的时候不去有丧事的人家；如果不写信哀悼，就等过完节再穿戴整齐上门吊唁慰问。北方人到了冬至、岁首的时候，要隆重地举行吊唁之礼；没有明确的文字记载这种礼数，我认为是不可取的。南方人在宾客到来的时候也不出门迎接，见面时只是拱手行礼而不作揖，送客时也只是离开自己的席位而已；北方人送客会送到门外，见面时会相互作揖，这些都是古代传下来的道义，我认为这种迎客作揖的礼节是好的礼节。

【原文】

昔者，王侯自称孤、寡、不穀，自兹以降，虽孔子圣师，与门人言皆称名也。后虽有臣仆之称，行者盖亦寡焉。江南轻重①，各有谓号，具诸《书仪》；北人多称名者，乃古之遗风，吾善其称名焉。

【注释】

①轻重：文中用来形容地位高低。

【译文】

昔日，王侯都将自己称为孤、寡、不穀，从那以后，即使是孔子这样的圣贤老师，与自己的门人谈话时也都称自己的名字。后来即使出现了臣、仆一类的叫法，但这样说的人还是非常少。江南一带的人们不论地位高低，都各有各的称号，这在《书仪》之中都有记载；北方人大多自称名字，这是古代留下来的风俗，我认为这种自称名字的风俗是好风俗。

【原文】

言及先人，理当感慕，古者之所易，今人之所难。江南人事不获已[1]，须言阀阅，必以文翰，罕有面论者。北人无何便尔话说，及相访问。如此之事，不可加于人也。人加诸己，则当避之。名位未高，如为勋贵所逼，隐忍方便，速报取了；勿使烦重，感辱祖父。若没，言须及者，则敛容肃坐，称大门中[2]，世父、叔父则称从兄弟门中，兄弟则称亡者子某门中，各以其尊卑轻重为容色之节，皆变于常。若与君言，虽变于色，犹云亡祖亡伯亡叔也。吾见名士，亦有呼其亡兄弟为兄子弟子门中者，亦未为安贴也。北土风俗，都不行此。太山羊侃，梁初入南；吾近至邺，其兄子肃访侃委曲，吾答之云："卿从门中在梁，如此如此。"肃曰："是我亲第七亡叔，非从也。"祖孝徵在坐，先知江南风俗，乃谓之云："贤从弟门中，何故不解？"

【注释】

①不获已：即不得已的意思。

②大门中：和别人谈及自己已故的祖父和父亲时用的称谓。

【译文】

提到先人的时候应当心怀哀念之情，古人做起来很容易，现在的人做起来却很难。江南一带的人除非不得已，在谈及家世的时候都以书信往来，很少有人当面谈论。北方人哪怕没有什么事情只是想跟你说说话，也会上门拜访。像面谈家世这种事情，不能强加给别人。别人将这种事情强加给你，你就应该回避。名声地位不高的人，要是受权贵所逼迫，可以通过隐忍来敷衍，快速结束谈话；不要让谈话变得烦琐沉重，以免对祖父造成侮辱。如果自己的父亲、祖父已经过世，而言谈又必须涉及，就要严肃表情端正而坐，称“大门中”，若是伯父、叔父过世，则要称“从兄弟门中”，若是兄弟过世，则要称兄弟的儿子为“某门中”，并且要根据各自的尊卑轻重来调节面部的表情，要与平时有所不同。要是与君主谈及这些事情，虽然面部表情可以改变，但还是应该说“亡祖”“亡伯”“亡叔”。我也见过一些名人，他们在与君主谈话时称呼自己的亡兄亡弟为兄子门中、弟子门中，这其实是不对的。北方的风俗与这完全不同。泰山的羊侃在梁朝初期就到了南方；我最近去了邺城，羊侃兄长的儿子羊肃前来拜访，并问我羊侃的近况。我回答他：“您的从门中在梁朝时，具体情况怎样怎样。”羊肃说：“他是我的亲第七亡叔，不是堂叔。”当时在场的还有祖孝徵，他早就知道了江南一带的风俗，便对他说：“他说的就是贤从弟门中，你为什么就不明白呢？”

【原文】

古人皆呼伯父叔父，而今世多单呼伯叔。从父兄弟姊妹已孤，而对其前，呼其母为伯叔母，此不可避者也。兄弟之子已孤，与他人言，对孤者前，呼为兄子弟子，颇为不忍；北土人多呼为侄。按：《尔雅》《丧服经》《左传》，侄虽名通男女，并是对姑之称。晋世已来，始呼叔侄；今呼为侄，于理为胜也。

【译文】

古代人都叫伯父、叔父，但现在人大多单称伯、叔。叔伯兄弟姊妹在丧父之后，与他们说话时，将他们的母亲称为伯母叔母，这是避免不了的。兄弟的儿子在父亲过世后，与别人言谈时，当着他们的面将他们称为兄子或弟子，这实在是不忍心；北方人大多称他们为“侄”。按：在《尔雅》《丧服经》《左传》之中，“侄”虽然男女通用，但都是针对姑姑来说的。晋朝以来，才开始称“叔侄”；现在都称为“侄”，在情理上说也是可以的。

【原文】

别易会难，古人所重；江南饯送，下泣言离。有王子侯，梁武帝弟，出为东郡，与武帝别，帝曰：“我年已老，与汝分张①，甚以恻怆。”数行泪下。侯遂密云②，赧然③而出。坐此被责，飘飖舟渚，一百许日，卒不得去。北间风俗，不屑此事，歧路言离，欢笑分首。然人性自有少涕泪者，肠虽欲绝，目犹烂然；如此之人，不可强责。

【注释】

①分张：分离、分别。

②密云：指表现出悲痛的样子，但流不出眼泪。

③赧（nǎn）然：因为羞愧等而脸红的样子。

【译文】

离别容易再会难，这是古时候的人所看重的；江南一带的人在饯行送别的时候，说到离别就流泪。有一位王子侯，他是梁武帝的弟弟，要去东边的郡任职，跟武帝告别的时候，武帝说："我年纪已经老了，现在又要跟你分别，这真是一件让人悲伤的事情。"说完便流下了几行热泪。王子侯表现得很悲伤却没有眼泪流下来，因此感到很羞愧而离开了。他因为这件事情而被世人指责，坐船在江边小岛上徘徊了一百多天，最终还是无法离去。按照北方人的风俗，对这种事情就不屑一顾，走到分岔的路口时就说再见，欢笑着分手。有些人天生就很少流泪，即使断肠欲绝，目光仍旧十分明亮；像这种人，就不应该强加指责。

【原文】

凡亲属名称，皆须粉墨[①]，不可滥也。无风教者，其父已孤，呼外祖父母与祖父母同，使人为其不喜闻也。虽质于面，皆当加外以别之；父母之世叔父，皆当加其次第以别之；父母之世叔母，皆当加其姓以别之；父母之群从世叔父母及从祖父母，皆当加其爵位若姓以别之。河北士人，皆呼外祖父母为家公家母；江南田里间亦言之。以家代外，非吾所识。

【注释】

①粉墨：粉为白，墨为黑，这里指要像区分黑白一样明确地区分亲属的名字。

【译文】

但凡是亲属的名称，都必须分辨清楚，不能够随便乱用。不受风俗教养的人，在他的祖父去世之后，称呼外祖父母和祖父母的方式相同，这让人听到之后不高兴。即使是当着外祖父母的面，也应当增加一个“外”字进行区别；称呼父亲母亲的世叔父，都要加上他们各自的排行来进行区别；称呼父母亲的世叔母，都要加上各自的姓氏来区别；称呼父母亲的诸位从世叔父和从世叔母，都要加上他们的爵位或者姓氏来进行区别。黄河以北的士人，都称呼外祖父外祖母为家公家母；长江以南田间地头也有这种叫法。用“家”来代替“外”，我就不知道是什么原因了。

七、慕贤

【题解】

本篇强调要向比自己贤能的人学习，在与贤者的相处中潜移默化地进步。

【原文】

古人云："千载一圣，犹旦暮也；五百年一贤，犹比髆[1]也。"言圣贤之难得，疏阔如此。傥遭不世明达君子，安可不攀附景仰之乎？吾生于乱世，长于戎马，流离播越[2]，闻见已多；所值名贤，未尝不心醉魂迷向慕之也。人在年少，神情未定，所与款狎[3]，熏渍陶染，言笑举动，无心于学，潜移暗化，自然似之；何况操履艺能，较明易习者也？是以与善人居，如入芝兰之室，久而自芳也；与恶人居，如入鲍鱼之肆，久而自臭也。墨子悲于染丝，是之谓矣。君子必慎交游焉。孔子曰："无友不如己者。"颜、闵之徒，何可世得！但优于我，便足贵之。

【注释】

①髆（bó）：肩胛。

②播越：流亡，离散。

③款狎：指两个人之间的关系非常亲密。

【译文】

古人说："一千年出一位圣贤之人，这已经像是朝夕一样快的事情了；五百年出一位圣贤之人，就像是肩膀挨肩膀一样近了。”这句话说明了圣贤之人的难得，二人之间的间隔如此之大。假使遇上了世上少有的明达君子，怎么能不去攀附他景仰他呢？我在动乱的世间出生，在兵荒马乱中长大，一生颠沛流离，听到的看到的事情都比较多了；遇上名人贤者，无法不神魂颠倒地产生仰慕之心。人在年少的时候，精神与性情都还没有成形，和那些关系亲密的人相处，受到他们的熏陶浸染，虽然言谈举止没有花心思去模仿，但在潜移默化中自然而然地与相处的人相似了。何况是操守行为和技艺能力等比较容易学习的东西呢？因此，和优秀的人相处，就好像待在一间开着芝草兰花的房间里，时间一长自己也变得芬芳了；与邪恶的人相处，就好像待在一间贩卖鲍鱼的商铺里，时间一长自己也变得臭不可闻了。墨子看到人们染丝而感到悲痛，说的也是这个道理。君子与他人交往务必要慎重。孔子说：“不要跟不如自己的人交朋友。”颜、闵这一类的贤者，一生一世都难以得到啊！只要比我优秀的人，就足以让我尊敬了。

【原文】

世人多蔽，贵耳贱目，重遥轻近。少长周旋[①]，如有贤哲，每相狎侮，不加礼敬；他乡异县，微藉风声，延颈企踵，甚于饥渴。校其长短，核其精粗，或彼不能如此矣。所以鲁人谓孔子为东家丘，昔虞国宫之奇，少长于君，君狎之，不纳其谏，以至亡国，不可不留心也。

【注释】

①周旋：交往。

【译文】

世上的人们大多受到蒙蔽，对听到的传闻看得很重，对亲眼所见的东西看得很轻，对遥远的事物非常重视，对近处的事物不屑一顾。从小一起交往结识的人中，如果有人成为圣贤人士，每次见面的时候也会加以戏弄，不会礼貌尊敬相待；处在别的乡里县城，稍微有一点点风吹草动，人们就会伸长脖子踮起脚，表现出非常饥渴的样子。其实比较两人的长短，审核他们的优劣，也许远方的那个人还比不上身边的这个。所以鲁国人把孔子称为“东家丘”。昔日虞国的宫之奇，年龄比国君稍大，国君因为与他太熟而不尊重他，没有采纳他的意见，最终导致国家灭亡，不能不对此多加留心啊。

【原文】

用其言，弃其身，古人所耻。凡有一言一行，取于人者，皆显称之，不可窃人之美，以为己力；虽轻虽贱者，必归功焉。窃人之财，刑辟之所处；窃人之美，鬼神之所责。

【译文】

采用他人的言论却看不起这个人，这是被古人认为可耻的事情。但凡一句话一个动作，只要是从别人那里学来的，就要公开地称赞他，不能窃取他人的美行，来作为自己的能力；即使是地位卑贱的人，也要肯定他拥有的功劳。偷窃他人的财产，会受到刑罚的处置；偷窃他人的美行，会受到鬼神的责罚。

【原文】

梁孝元前在荆州，有丁觇者，洪亭民耳，颇善属文，殊工草隶；孝元书记，一皆使之。军府轻贱，多未之重，耻令子弟以为楷法，时云："丁君十纸，不敌王褒数字。"吾雅爱其手迹，常所宝持。孝元尝遣典签惠编送文章示萧祭酒，祭酒问云："君王比①赐书翰，及写诗笔，殊为佳手，姓名为谁？那得都无声问②？"编以实答。子云叹曰："此人后生无比，遂不为世所称，亦是奇事。"于是闻者稍复刮目。稍仕至尚书仪曹郎，末为晋安王侍读，随王东下。及西台陷殁，简牍湮散，丁亦寻卒于扬州；前所轻者，后思一纸，不可得矣。

【注释】

①比：最近、近来。

②声问：名声、声誉。

【译文】

梁朝孝元帝在荆州的时候，有一个叫丁觇的人，是洪亭的百姓，书法写得很好，而且特别擅长写草书和隶书；孝元帝的书抄记录，一律都安排他来完成。军队官衙中的人都看不起他，大多都没把他看得很重，并且把让弟子向他学习书法视为一件羞耻的事情，当时有句话说："丁觇写十张纸，还比不上王褒的几个字。"我非常喜欢他的作品，经常将它们当作宝贝一样保存着。孝元帝曾经派遣典签惠编把文章送给祭酒的萧子云看，萧子云问："君王最近给我写了信，并且附了他的诗歌和文章，从写的字来看绝对出自一个写书法的高手，他姓什么叫什么？为什么会一点名气都没有呢？”惠编据实回答了他。萧子云感叹道：“后世估计也没什么人能超过他，但没有得到当世人的称赞，这也算是一件奇怪的事情了。”其他的听闻者自此以后才渐渐改变了对丁觇的看法，丁觇后来坐上了尚书仪曹郎的位置，最后成了晋安王的侍读，跟着晋安王东下。等到西台被攻陷，那些写满文字的简牍都散佚了。后来人们发现丁觇在扬州过世。以前轻视他的那些人，后来再想要得到他的一纸真迹，也得不到了。

【原文】

侯景初入建业，台①门虽闭，公私草扰，各不自全。太子左卫率羊侃坐东掖门，部分②经略，一宿皆办，遂得百余日抗拒凶逆。于时，城内四万许人，王公朝士，不下一百，便是恃侃一人安之，其相去如此。古人云：“巢父、许由，让于天下；市道小人，争一钱之利。”亦已悬矣。

【注释】

①台：晋、宋时期将靠近朝廷禁地的地方称为台，台城就是朝廷禁城，台门就是进入禁城的大门。

②部分：部署分配。

【译文】

侯景刚刚攻打进入建业城的时候，禁城的大门虽然是紧闭着的，但官兵和百姓都陷入一片混乱之中，每个人都担心自己得不到保全。太子左卫率领羊侃在东掖门坐镇，部署分配兵战斗事宜，一夜之间就全都办好了，因此赢得了一百多天来抵抗敌军。在那个时候，禁城内一共有四万多人，王公大臣不少于一百人，却凭借着羊侃一个人将局面安定下来了，这其中的差距竟然如此之大。古人说过：“巢父、许由将天下让给了他人；但市井之中的小人，为了一钱的利益争个不休。”这其中的差距就更大了。

【原文】

齐文宣帝即位数年，便沈湎纵恣，略无纲纪；尚能委政尚书令杨遵彦，内外清谧，朝野晏如[①]，各得其所，物无异议，终天保之朝。遵彦后为孝昭所戮，刑政于是衰矣。斛律明月齐朝折冲[②]之臣，无罪被诛，将士解体[③]，周人始有吞齐之志，关中至今誉之。此人用兵，岂止万夫之望而已哉！国之存亡，系其生死。

【注释】

①晏如：安然的样子。

②折冲：让敌军的冲车后退。冲，古代的一种战车。

③解体：涣散人心。

【译文】

齐文宣帝登基几年之后，便沉湎放纵于美色之中，目无朝纲法纪；但尚且能够将政事委任给尚书令杨遵彦，朝廷内外仍旧清静安宁，朝野相安无事，各自留守在各自的地方，没有什么反对的声音，到天保之朝完结才结束这种状态。杨遵彦后来被孝昭帝所杀，国家的刑罚政事也就因此而走向衰落。斛律明月是齐朝抵御敌人的功臣，没有犯罪却被诛杀，军队的将领和士兵士气涣散，周国这个时候便开始有了吞并齐国的想法，关中一带的人民至今仍对斛律明月赞誉有加。这个人的用兵之术，何止是万众所归的地步啊！一个国家的存亡都与他的生死相联系着。

【原文】

张延雋[1]之为晋州行台左丞，匡维主将，镇抚疆埸[2]，储积器用，爱活黎民，隐[3]若敌国矣。群小不得行志，同力迁之；既代之后，公私扰乱，周师一举，此镇先平。齐亡之迹，启于是矣。

【注释】

①雋：音jùn。

②疆埸（yì）：边境、边疆。

③隐：稳重。

【译文】

张延雋在晋州行台担任左丞相的时候，辅佐主将，镇守边疆，储蓄物资，救助百姓，让晋州能够与敌国稳稳抗衡。国内的诸多小人因为不能行使自己的意愿，齐心合力赶走了他。张延雋的位置被取代之后，从官兵到百姓都陷入混乱之中，周国军队一举就将晋州给扫平了。齐国的灭亡就是从这个时候开始的。

八、勉学

【题解】

人生在世，会当有业。不论从事何种行业，唯有学好才能出类拔萃。本篇强调要勤勉学习，要靠自学立足于世上，而不是将希望寄托于祖上。

【原文】

自古明王圣帝，犹须勤学，况凡庶乎！此事遍于经史，吾亦不能郑重[①]，聊举近世切要，以启寤汝耳。士大夫子弟，数岁已上，莫不被教，多者或至《礼》《传》，少者不失《诗》《论》。及至冠婚，体性稍定；因此天机，倍须训诱。有志尚者，遂能磨砺，以就素业；无履立者，自兹堕慢，便为凡人。人生在世，会当有业：农民则计量耕稼，商贾则讨论货贿，工巧则致精器用，伎艺则沈思法术，武夫则惯习弓马，文士则讲议经书。多见士大夫耻涉农商，差务工伎，射则不能穿札[②]，笔则才记姓名，饱食醉酒，忽忽无事，以此销日，以此终年。或因家世余绪，得一阶半级，便自为足，全忘修学；及有吉凶大事，议论得失，蒙然张口，如坐云雾；公私宴集，谈古赋诗，塞默低头，欠伸而已。有识旁观，代其入地。何惜数年勤学，长受一生愧辱哉！

【注释】

①郑重：频繁。

②札：铠甲上的金属片或皮革片。

【译文】

自古以来那些英明的君王和圣贤的皇帝，还需要勤奋学习，何况是平凡的庶民呢！这一类的事情在经书史料中到处都能见到，我也无法一一举例，只枚举一些近来比较重要的例子，给你们带来一点启发。士大夫的子弟，几岁的孩子都接受了教育，学得多的可能学到了《礼记》《左传》，学得少的也至少读过《诗经》《论语》。到了成人结婚的年纪，身体和性情都基本确定；借着这个时机，就必须加倍进行训练诱导。有志气的人，就能接受磨炼，从而成就一生的功业；没有操行的人，就会散漫起来，成为平庸的人。人活在世上，就应当有专长的事业；当农民就要考虑耕作之事，当商人就要谈论买卖，当工匠就要做出精美的器具，当技师就要学习制作方法和工艺，当武士就要会张弓骑马，当文人就要会说经讲书。我经常看到一些士大夫将涉足农商事业视为耻辱的事情，做工匠和技师又不够水平，射箭射不穿铠甲上的甲片，提笔写字只能想起自己的姓名，整天饭饱酒足之后就无所事事，就这样消磨时光，最后过完一辈子。有的人凭借着家中世世代代的福祉，获得了一官半职，便认为满足了，完全忘记还要修行学习；等到有吉凶大事发生的时候，议论起得失的事情，猛然张嘴像陷入云里雾里一般不知道要说什么；各种因公因私的宴会集会活动中，谈论到古代的诗词歌赋，却只能低头沉默，打哈欠伸懒腰。一旁有见识的旁观者都想代替他钻到地底下去。为什么不愿意勤奋地学习几年，却要让自己一生受到羞愧屈辱呢？

【原文】

梁朝全盛之时，贵游子弟[①]，多无学术，至于谚云："上车不落则著作，体中何如则秘书。"无不熏衣剃面，傅粉施朱，驾长檐车，跟[②]高齿屐，坐棋子方褥，凭斑丝隐囊[③]，列器玩于左右，从容出入，望若神仙。明经求第，则顾人答策；三九公宴，则假手赋诗。当尔之时，亦快士[④]也。及离乱之后，朝市迁革，铨衡选举，非复曩者之亲；当路秉权，不见昔时之党。求诸身而无所得，施之世而无所用。被褐而丧珠，失皮而露质，兀若枯木，泊若穷流，鹿独戎马之间，转死沟壑之际。当尔之时，诚驽材也。有学艺者，触地而安。自荒乱已来，诸见俘虏。虽百世小人，知读《论语》《孝经》者，尚为人师；虽千载冠冕，不晓书记者，莫不耕田养马。以此观之，安可不自勉耶？若能常保数百卷书，千载终不为小人也。

【注释】

①贵游子弟：本指没有实际官职的王公贵族，这里用来泛指一切贵族子弟。

②跟：指穿着鞋。

③隐囊：靠枕。

④快士：贤者，优秀的人。

【译文】

梁朝鼎盛时期，贵族子弟大都不学无术，所以谚语说："上车不摔跤的可以当著作郎，身体好的可以当秘书长。"这些贵族子弟没有一个人不用香料熏衣服，把脸刮得干干净净，在脸上涂脂抹粉，驾着长檐车，穿着高齿屐，坐在格子图案的方形坐褥上，靠在彩色丝绸织成的靠垫上，把各种器皿古玩摆在身边，进门出门神态自若，看起来就像神仙一样。到了要明经答问考取功名的时候，就安排人过去参加考试；参加三公九卿的宴会时，就会假借他人的手来作诗。在那个时候，他们看起来也算个人物。到了动乱来临的时候，朝代变革，负责考试选拔的人，不再是过去的亲人；在朝中掌权的人，不再是过去的党羽。想依靠自己的力量却又没什么可以依靠，想在社会上一展身手却又没有有用的本事。只能穿着破旧的衣服，变卖家中的宝物，失去华丽的外衣，露出本来面目，就像没有叶子的枯树，没有流水的旱河。他们在兵荒马乱之中飘零，在荒沟野壑之间辗转而死。这个时候，他们就彻彻底底成了蠢材。有学问有技艺的人，走到哪里都能安家。自打兵荒马乱以来，我看过很多被俘虏的人。有些人家世世代代都是百姓，但因为懂《论语》和《孝经》，还能成为别人的老师；有些人家世世代代都是世家，但因为不会写字，只能去种田养马。由此看来，怎么能不勉励自己学习呢？要是能保有几百卷书，哪怕是一千年后也不会变成小人啊。

【原文】

夫明《六经》之指，涉百家之书，纵不能增益德行，敦厉[1]风俗，犹为一艺，得以自资。父兄不可常依，乡国不可常保，一旦流离，无人庇荫，当自求诸身耳。谚曰：“积财千万，不如薄伎在身。”伎之易习而可贵者，无过读书也。世人不问愚智，皆欲识人之多，见事之广，而不肯读书，是犹求饱而懒营馔[②]，欲暖而惰裁衣也。夫读书之人，自羲、农已来，宇宙之下，凡识几人，凡见几事，生民之成败好恶，固不足论，天地所不能藏，鬼神所不能隐也。

【注释】

①敦厉：敦促勉励。

②馔：食物。

【译文】

明白《六经》之中的所指，涉猎百家的名著，就算不能增加美德与操行，能够敦促勉励世风民俗，也能够成为一门手艺，养活自己。父亲与兄弟不能长期依靠，家乡与国家不能长期保全，一旦颠沛流离，没有谁能够提供荫蔽的时候，就只能求助于自己了。谚语中说："积财千万，不如一技之长。"所有技能当中最容易学会的但又最宝贵的，莫过于读书了。世上的人不管是愚笨的还是聪明的，都希望能认识更多的人，见识更多的事，但不想读书，这就好像想要吃饱饭但又懒得去做饭，想要穿得暖但又懒得去做衣服一样。那些读书人，从伏羲神农以来，天底下看过多少人，经过多少事，普通百姓那些成败好恶的事情不用多说，天地藏不住的那些鬼神之事都隐瞒不过他们。

【原文】

有客难主人曰："吾见强弩长戟，诛罪安民，以取公侯者有矣；文义习吏，匡时富国，以取卿相者有矣；学备古今，才兼文武，身无禄位，妻子饥寒者，不可胜数，安足贵学乎？”主人对曰：“夫命之穷达，犹金玉木石也；修以学艺，犹磨莹[1]雕刻也。金玉之磨莹，自美其矿璞，木石之段块，自丑其雕刻；安可言木石之雕刻，乃胜金玉之矿璞哉？不得以有学之贫贱，比于无学之富贵也。且负甲为兵，咋笔[2]为吏，身死名灭者如牛毛，角立杰出者如芝草；握素披黄，吟道咏德，苦辛无益者如日蚀，逸乐名利者如秋荼，岂得同年而语矣。且又闻之：生而知之者上，学而知之者次。所以学者，欲其多知明达耳。必有天才，拔群出类，为将则暗与孙武、吴起同术，执政则悬得管仲、子产之教，虽未读书，吾亦谓之学矣。今子即不能然，不师古之踪迹，犹蒙被而卧耳。”

【注释】

①磨莹：磨砺。

②咋笔：提笔。

【译文】

有客人为难我说：“我看到有些人拿着强弩和长戟，诛杀罪人安抚百姓，靠这些来成为王公侯爵；有的人阐释文法道义学习吏治，匡扶时势强邦富国，以此来获取卿相的位置；学识横贯古今，才能兼顾文武的人，却没有俸禄没有一官半职，妻子孩子挨饿受冻的人数都数不清，这怎么能说明学习是值得重视的呢？”我回答说：“一个人的命运是穷困还是显达，就好像是金玉和木石一样；修行学问和技艺，就好像是打磨雕刻一样。金石玉石经过打磨，自然要比没有打磨过的石头要漂亮，木块石块，总是比雕刻完成之后的要丑陋；又怎么能说雕刻之后的木石比没有雕刻过的金石玉石要强呢？不能用有学识的人之中的贫贱者跟没有学识的人之中的富贵者相比较啊。而且那些身穿铠甲去当兵的人，拿着笔当小官的人，身死名灭的人多如牛毛，脱颖而出的人像灵芝仙草一样稀少。多读点书，讲道颂德，辛辛苦苦却没有收获的人就像日食一样少见，闲逸安乐追名逐利的人却跟秋天的荼花一样多，这两者怎么能够放在一起说呢？况且我还听说，生下来就懂道理的人是天才，通过学习而懂道理的人次之。所以学习，就是要让自己多懂一些东西。如果一定有天才，必然是出类拔萃的人，当将领，天生就有孙武、吴起一样的谋术，当执政者，天生就有管仲、子产一样的管教能力，即使他们不读书，我也要说他们有学识。您现在不是这样，还不去学习古人的方法，就好像是用被子蒙着头睡觉一样，什么都不知道。”

【原文】

人见邻里亲戚有佳快者，使子弟慕而学之，不知使学古人，何其蔽也哉？世人但见跨马被甲，长稍[①]强弓，便云我能为将；不知明乎天道，辩乎地利，比量逆顺，鉴达兴亡之妙也。但知承上接下，积财聚谷，便云我能为相；不知敬鬼事神，移风易俗，调节阴阳，荐举贤圣之至也。但知私财不入，公事夙办，便云我能治民；不知诚己刑物，执辔如组，反风灭火，化鸱[②]为凤之术也。但知抱令守律，早刑晚舍，便云我能平狱；不知同辕观罪，分剑追财，假言而奸露，不问而情得之察也。爰及农商工贾，厮役奴隶，钓鱼屠肉，饭牛牧羊，皆有先达，可为师表，博学求之，无不利于事也。

【注释】

①矟（shuò）：古代的一种兵器，也写作槊。

②鸱（chī）：猫头鹰。

【译文】

人们看到相邻的亲戚中有优秀的人，就会让自己的子弟仰慕他们并且向他们学习，不懂得让他们向古人学习，这是多么愚昧啊。世上的人只知道骑上骏马身披铠甲，拿着长矛强弓，就说我可以当将军；但读不懂天机，辨识不了地理，不知道比较考量优势与劣势、借鉴兴盛衰亡之中的奥妙。一般人只知道当宰相的传承旨意统领下官，为国家积聚财富，就说自己也可以当宰相；却不知道还要供奉鬼神、改风易俗、调节阴阳、推荐贤明的人等。一般人只知道担任地方官员不能收受私财，公家事情要快快处理，就说自己能够治理好百姓；却不知道要向对待自己那样真诚地对待他人，要治民有术，要懂得用风灭火、化恶为善等方法。一般人只知道墨守法令条律，尽早判刑推迟赦免，便认为自己可以公平断案；却不知道同辕观罪、分剑追财的断案方法，用假话让那些奸邪的人暴露出来，不用审问而案情也能够得以明察。扩大到农民、商人、工匠、役者、奴隶、渔民、屠夫、牧民等，他们中都有杰出的人，可以为人师表，广泛地向这些人求学，对事业是有利的。

【原文】

夫所以读书学问，本欲开心明目，利于行耳。未知养亲者，欲其观古人之先意承颜，怡声下气，不惮劬[①]劳，以致甘腝[②]，惕然惭惧，起而行之也；未知事君者，欲其观古人之守职无侵，见危授命，不忘诚谏，以利社稷，恻然自念，思欲效之也；素骄奢者，欲其观古人之恭俭节用，卑以自牧，礼为教本，敬者身基，瞿然自失，敛容抑志也；素鄙吝者，欲其观古人之贵义轻财，少私寡欲，忌盈恶满，赒[③]穷恤匮，赧然悔耻，积而能散也；素暴悍者，欲其观古人之小心黜己，齿弊舌存，含垢藏疾，尊贤容众，苶[④]然沮丧，若不胜衣也；素怯懦者，欲其观古人之达生委命，强毅正直，立言必信，求福不回，勃然奋厉，不可恐慑也：历兹以往，百行皆然。纵不能淳，去泰去甚。学之所知，施无不达。世人读书者，但能言之，不能行之，忠孝无闻，仁义不足；加以断一条讼，不必得其理；宰千户县，不必理其民；问其造屋，不必知楣横而棁[⑤]竖也；问其为田，不必知稷早而黍迟也；吟啸谈谑，讽咏辞赋，事既优闲，材增迂诞，军国经纶，略无施用：故为武人俗吏所共嗤诋，良由是乎！

【注释】

①劬（qú）：劳累。

②腝（ér）：熟烂的肉。

③赒（zhōu）：救济。

④苶（nié）：疲劳。

⑤棁（zhuó）：屋梁上面的短柱子。

【译文】

人之所以要读书做学问，本来的目的是开发心智打开眼界，有利于自己的行动。对于不知道该如何赡养自己亲人的人，要让他们看看古人是怎样观察父母的心思讨得他们的欢欣，如何和颜悦色地跟父母交谈，如何不辞辛劳地为父母准备可口的饭菜，如何让他们惭愧而决定效法古人来行事。对那些不知道怎样侍奉国君的人，要让他们看看古人是怎样守护自己的职位不受侵犯，遇到危险的时候不惜牺牲性命，任何时候都不忘记真诚地劝谏，为的是让国家获益，让他们的内心恻然而自己决定效仿古人；生平向来骄奢淫逸的人，要让他们看看古人是怎样简朴节约，谦卑自律，将礼让作为教诲的根本，将恭敬作为立身的基础，让他们震惊而发现自己的行为有失妥当，收敛姿态抑制骄奢；生平向来小气吝啬的人，要让他们看看古人是如何重义轻财，减少个人私欲，避免作恶太多，体恤救济穷困的人，让他们脸红而产生羞耻之心，积财的同时也要散财；生平向来粗暴凶悍的人，要让他们看看古人是怎样小心克制自己，有牙齿的庇佑舌头才能生存，含垢藏疾，要尊重贤者接纳众人，让他们下火消气，表现出恭让的样子；生平向来胆小怯懦的人，要让他们看看古人是怎样不受世事羁绊听从天命，强毅正直，说到做到，祈求福运但不违背祖训，奋发勃然，无所畏惧：由此推开说去，各种德行都能依照这样来培养。就算不能让风气变得纯正，也能去掉过度极端的行为。通过学习而知道的东西，在什么地方都能用得上。现在的读书人，只知道说，不知道做，忠孝的行为不曾听说，仁义的事情做得又不够；再加上判决一场诉讼，不见得知道其中的道理；管理千百户家庭的官吏，不见得亲自管理过百姓；问他们造房子的方法，不见得知道楣要横着放而棁要竖着放；问他们种田的事情，不见得知道谷子要早点播种而黄米要晚点播种；成天就知道吟唱谈笑，作诗写赋，悠闲自得，做一些迂腐荒诞的事情，在强兵治国方面没有一点用处，所以会被那些武官嘲笑诋毁，可能就是因为这个原因吧！

【原文】

夫学者所以求益耳。见人读数十卷书，便自高大，凌忽长者，轻慢同列；人疾之如仇敌，恶之如鸱枭。如此以学自损，不如无学也。

【译文】

学习是为了让自己能够求得更多的东西。我见过有人读了几十卷书之后，便自高自大，冒犯长辈，轻视同辈。人们嫉恨这种人就像对待仇敌一样，讨厌这种人就像讨厌猫头鹰一样。用类似这样的学习方式来损害自己，还不如不学的好。

【原文】

古之学者为己，以补不足也；今之学者为人，但能说之也。古之学者为人，行道以利世也；今之学者为己，修身以求进也。夫学者犹种树也，春玩其华，秋登其实；讲论文章，春华也，修身利行，秋实也。

【译文】

古时候求学的人都是为了充实自己，以弥补自己的不足；现在求学的人都是为了别人的称赞，只能说说罢了。古时候求学的人是为了别人，推行自己的主张来对社会谋利；现在求学的人都是为了自己，提高自己的水平来求得升官。学习就跟种树一样，春天可以赏玩它的花朵，秋天可以收获它的果实；评讲文章，就好像赏玩春天的花朵一样，修身利行，就好像收获秋天的果实一样。

九、文章

【题解】

作者认为，道理是文章的心肾，格调是文章的筋骨，典故是文章的肌肤，辞藻是文章的冠冕。本篇着重强调了行文谋篇要注意的方法。

【原文】

夫文章者，原出《五经》：诏命策檄，生于《书》者也；序述论议，生于《易》者也；歌咏赋颂，生于《诗》者也；祭祀哀诔[①]，生于《礼》者也；书奏箴铭，生于《春秋》者也。朝廷宪章，军旅誓诰[②]，敷显仁义，发明功德，牧民建国，施用多途。至于陶冶性灵，从容讽谏，入其滋味，亦乐事也。行有余力，则可习之。然而自古文人，多陷轻薄：屈原露才扬己，显暴君过；宋玉体貌容冶，见遇俳优；东方曼倩，滑稽不雅；司马长卿，窃赀无操；王褒过章《僮约》；扬雄德败《美新》；李陵降辱夷虏；刘歆反复莽世；傅毅党附权门；班固盗窃父史；赵元叔抗竦过度；冯敬通浮华摈压；马季长佞媚获诮；蔡伯喈同恶受诛；吴质诋忤乡里；曹植悖慢犯法；杜笃乞假无厌；路粹隘狭已甚；陈琳实号粗疏；繁钦性无检格；刘桢屈强输作；王粲率躁见嫌；孔融、祢衡，诞傲致殒；杨修、丁廙，扇动取毙；阮籍无礼败俗；嵇康凌物凶终；傅玄忿斗免官；孙楚矜夸凌上；陆机犯顺履险；潘岳干没取危；颜延年负气摧黜；谢灵运空疏乱纪；王元长凶贼自诒；谢玄晖侮慢见及。凡此诸人，皆其翘秀者，不能悉记，大较如此。至于帝王，亦或未免。自昔天子而有才华者，唯汉武、魏太祖、文帝、明帝、宋孝武帝，皆负世议，非懿德之君也。自子游、子夏、荀况、孟轲、枚乘、贾谊、苏武、张衡、左思之俦，有盛名而免过患者，时复闻之，但其损败居多耳。每尝思之，原其所积，文章之体，标举兴会，发引性灵，使人矜伐，故忽于持操，果于进取。今世文士，此患弥切，一事惬当，一句清巧，神厉九霄，志凌千载，自吟自赏，不觉更有傍人。加以砂砾所伤，惨于矛戟，讽刺之祸，速乎风尘，深宜防虑，以保元吉。

【注释】

①诔（lěi）：哀悼死者的悼文。

②诰（gào）：勉励他人的告诫文。

【译文】

文章原本出自《五经》：诏、命、策、檄四种文体产生于《尚书》，序、述、论、议四种文体产生于《周易》，歌、咏、赋、颂四种文体产生于《诗经》，祭、祀、哀、诔四种文体产生于《礼记》，书、奏、箴、铭四种文体产生于《春秋》。朝廷的宪令章法、军队的誓词诰文，彰显仁义，发扬功德，治理百姓，建设国家，文章被用于很多方面。至于用文章来陶冶性情，抒发情怀，讽刺谏言，只要深入体会文章的内涵，就是一件让人快乐的事情。平时如果有些许余力，就可以学习一下文章的写法。

自古以来的文人，大多陷于轻薄之中：屈原展露才华显耀自己却暴露了君主的过失，宋玉因为俊美的姿态而被认为是歌舞艺人；东方朔行为滑稽不雅观，司马相如偷窃财物没有节操；王褒的过失在《僮约》中有记载；扬雄的德行败坏在《美新》中体现；李陵向匈奴屈辱投降，刘歆反叛投靠王莽复辟，傅毅结党攀附权贵，班固剽窃父亲写的史书，赵壹为人傲慢过度，冯敬通办事轻浮遭到打压，马季长谄媚权贵而被人讥诮，蔡伯喈因与恶人交好而受到惩罚，吴质诋毁忤逆而得罪了乡亲，曹植悖逆傲慢违反法纪，杜笃向人借钱却不知满足，路粹心胸太过于狭窄，陈琳实在是粗心疏忽，繁钦生性不检点，刘桢太过倔强，王粲草率急躁，人见人嫌；孔融、祢衡，因为傲慢过度而被杀；杨修、丁廙，因煽动他人滋事而丧命；阮籍不懂礼数而败坏了风俗，嵇康盛气凌人而没有善终，傅玄因太过愤懑而被罢免了官职，孙楚太过于自夸而以下犯上，陆机因作乱而涉险，潘岳因心存侥幸而陷入危机，颜延年因为赌气而被罢官，谢灵运因为空疏而扰乱法纪，王元长因为谋反作乱而自取灭亡，谢玄晖因为侮辱怠慢他人而害了自己。上述的这些人，都是文人之中的佼佼者，其他的没有办法都记住，大概就是这些，至于帝王，可能都无法免除这一类问题。自古以来的天子之中，有才华的也就只有汉武帝、魏太祖、文帝、明帝、宋孝武帝等，他们也都背负着世人的异议，不是有着完美品德的君主。至于像子游、子夏、荀况、孟轲、枚乘、贾谊、苏武、张衡、左思等这些人物，享有盛名而且能免于过失和祸患的，也时常能够听闻，只不过他们中间经历磨难的可能还是占据了大多数。我对此常常加以思考，弄清楚其中的原因。文章总体上来说还是要揭示一种兴致与感受，对性灵进行抒发，这很容易让人变得自负，从而忽视了坚持操行，但在取得功名的方面果敢决绝。现在的这些文人，这类问题更加严重，引对了一个经典典故，写好了一个精美句子，心神直冲九霄，意志冲破千年，沉浸在自我陶醉之中，就像身旁没有他人一样。再加上沙子所造成的伤害比矛戟要严重得多，讽刺他人而造成的祸患比风沙来得还快，这种事情要好好提防，才能确保平安。

【原文】

学问有利钝，文章有巧拙。钝学累功，不妨精熟；拙文研思，终归蚩鄙[①]。但成学士，自足为人。必乏天才，勿强操笔。吾见世人，至无才思，自谓清华，流布丑拙，亦以众矣，江南号为詅痴符[②]。近在并州，有一士族，好为可笑诗赋，誂擎[③]邢、魏诸公，众共嘲弄，虚相赞说，便击牛酾酒[④]，招延声誉。其妻，明鉴妇人也，泣而谏之。此人叹曰："才华不为妻子所容，何况行路！"至死不觉。自见之谓明，此诚难也。

【注释】

①蚩鄙：粗鄙拙劣。

②詅（líng）痴符：古代用来形容没有真才实学，却又喜欢卖弄才学的人。

③誂擎（tiǎo piē）：用言语嘲弄。

④酾（shī）酒：斟酒、倒酒。

【译文】

做学问有利和钝的区别，写文章有巧和拙的区别，做学问迟钝的人只要积累功力，就会达到精巧熟练的水平；写文章拙劣的人再钻研思考，终究避免不了粗鄙拙劣的情况。其实只要成了学识渊博的人，就足以成人，要是天生才华不足，就不必勉强提笔写文章。我见到世人中间，有的人确实没有什么才思，却还自认为写出来的文章清新华丽，将丑陋拙劣的文章流传散布在世间的人，这样的人确实有很多，江南一带的人将这种人称为“诊痴符”。近来在并州地方，有个士族，喜欢写些引人发笑的诗词歌赋，还用言语嘲弄邢邵、魏收诸公，人家一起嘲弄他，假意称赞他，他却真的杀牛倒酒，招待这些人好帮他扩大名声。他的妻子是个明察秋毫的女人，哭着劝他，他却叹气说：“我的才华不被妻子所认可，何况是陌生人！”他到死也没有明白这个道理。自己看清自己才叫作英明，但这确实是一件难事。

【原文】

学为文章，先谋亲友，得其评裁，知可施行，然后出手；慎勿师心自任，取笑旁人也。自古执笔为文者，何可胜言。然至于宏丽精华，不过数十篇耳。但使不失体裁，辞意可观，便称才士；要须动俗盖世，亦俟河之清乎！

【译文】

学习写文章，要先跟亲友共同商讨，得到他们的点评之后，知道该如何行文，然后才下手去写，千万不能自我感觉良好，最终被身旁的人所取笑。自古以来提笔写文章的人，哪能数得清。但写的文章真正算得上大气漂亮、精美而有才的，不过几十篇罢了。只要体裁没有问题，意思表达明确，就能够称得上是才士。但要让自己写的文章惊动世俗盖过世间，这就像等黄河变清一样没什么可能。

【原文】

不屈二姓，夷、齐之节也；何事非君，伊、箕之义也。自春秋已来，家有奔亡，国有吞灭，君臣固无常分矣；然而君子之交绝无恶声，一旦屈膝而事人，岂以存亡而改虑①？陈孔璋居袁裁书，则呼操为豺狼；在魏制檄，则目绍为蛇虺。在时君所命，不得自专，然亦文人之巨患也，当务从容消息②之。

【注释】

①改虑：重新考虑，改变想法。

②消息：考虑，斟酌。

【译文】

不屈身于两个王朝，这是伯夷与叔齐的节操；侍奉哪个君王不是侍奉呢？这是伊尹和箕子所信奉的道义。自从春秋时期以来，家庭就有奔走流亡的时候，国家有被吞并消灭的时候，君王和臣子之间也就没有什么长久的名分了；君子之间的交往就算断绝了也不会有不好的名声，可是一旦屈膝侍奉别人的君主，为什么又要因为之前君主的存亡而改变自己的想法呢？陈琳在袁绍统治时期，把曹操叫作豺狼；在魏国为官时，把袁绍称为毒蛇。那个时候必须听从君主的命令，自己做不了主，这也是文人的一大隐患，现在最重要的事是好好对这件事斟酌一番。

【原文】

或问扬雄曰："吾子[①]少而好赋？"雄曰："然。童子雕虫篆刻，壮夫不为也。"余窃非之曰：虞舜歌《南风》之诗，周公作《鸱鸮[②]》之咏，吉甫、史克《雅》《颂》之美者，未闻皆在幼年累德也。孔子曰："不学《诗》，无以言。""自卫返鲁，乐正，雅、颂各得其所。"大明孝道，引《诗》证之。扬雄安敢忽之也？若论"诗人之赋丽以则，辞人之赋丽以淫"，但知变之而已，又未知雄自为壮夫何如也？着《剧秦美新》，妄投于阁，周章怖慑，不达天命，童子之为耳。桓谭以胜老子，葛洪以方仲尼，使人叹息。此人直以晓算术，解阴阳，故着《太玄经》，数子为所惑耳；其遗言余行，孙卿、屈原之不及，安敢望大圣之清尘？且《太玄》今竟何用乎？不啻覆酱瓿[③]而已。

【注释】

①吾子：尊称，相当于"您"。

②鸱鸮（chī xiāo）：鸟名。

③瓿（bù）：小的罐子。

【译文】

有的人问扬雄："您年纪很小的时候就喜欢作赋了吗？"扬雄说："是的。但作赋就像是小孩子写虫书、刻符一类的把戏，大丈夫不要去做这些。"我个人认为他的说法不正确：虞舜吟诵的《南风》诗篇，周公写的《鸱鸮》，吉甫、史克写的那些被《雅》《颂》收录的精美文章，都不曾听说过因为年纪小的时候作了赋而拖累了德行。孔子说："不学《诗经》，就不知道怎么说话。""自从我由卫国回到鲁国，修正了《诗经》中的乐，让雅、颂都各得其所。"孔子大力宣扬孝道，并且引用《诗经》的话语来论证。扬雄怎么敢轻视《诗经》呢？要是说"诗人作诗时附加的华丽是合理的，词人作赋时附加的华丽是过度的"，这也只是了解到二者之间的区别罢了，而且不清楚扬雄长大了之后到底怎么样。他写过《剧秦美新》，又糊涂地从阁楼上跳下来，行事慌张，无法乐天知命，就像是小孩子做的事情一样。桓谭认为扬雄胜过老子，葛洪认为扬雄能与孔子相提并论，这确实让人叹息。这个人只不过是通晓算数，能解阴阳，所以写了《太玄经》，很多人都被这些给迷惑了；他说的话做的事连孙卿和屈原都比不过，又怎么能跟伟大的圣人挨上一点边呢？何况《太玄经》现在还有什么用途呢？不过是用来盖装酱的小罐子罢了。

【原文】

齐世有席毗者，清干之士，官至行台尚书，嗤鄙文学，嘲刘逖云："君辈辞藻，譬若荣华，须臾之玩，非宏才也；岂比吾徒千丈松树，常有风霜，不可凋悴矣！"刘应之曰："既有寒木，又发春华，何如也？"席笑曰："可哉！"

【译文】

齐朝有个人叫席毗，是一个清廉干练的人，做官做到了行台尚书的位置，对搞文学的人嗤之以鼻，曾经嘲笑刘逖说："你们这些搞文学的人所用的语句，就像是盛开的花朵一样，可以给人把玩片刻，但算不上是栋梁之材；又怎么能跟我们这些如千丈松树一般高的人相比，经常经历风霜，却不会凋零！”刘逖回应说：“要是树既能度过寒冬，又能在春天开花，你觉得这种树怎么样？”席毗笑着回答：“那当然好！”

【原文】

凡为文章，犹人乘骐骥，虽有逸气，当以衔勒制之，勿使流乱轨躅，放意填坑岸也。

【译文】

但凡是写作文章，就像人骑上千里马一样，虽然马跑起来俊逸奔放，但还是要用缰绳来控制它，不要让它乱了奔走的轨迹，随意跳进那坑岸之下。

【原文】

文章当以理致为心肾，气调为筋骨，事义为皮肤，华丽为冠冕。今世相承，趋末弃本，率多浮艳。辞与理竞，辞胜而理伏；事与才争，事繁而才损。放逸者流宕①而忘归，穿凿者补缀而不足。时俗如此，安能独违？但务去泰去甚耳。必有盛才重誉，改革体裁者，实吾所希。

【注释】

①流宕：漂泊。

【译文】

写文章要将条理道义作为文章的心肾，把气韵格调作为筋骨，恰当地运用典故作为皮肤，华丽辞藻作为冠冕。如今在世间传承的文章，都是弃本逐末，大都浮华艳丽，辞藻和义理相比，辞藻胜出而义理不足，用典和才思相比，用典繁多而才思受损，行云流水般的文章往往因轻快而偏题，穿凿补辑的文章虽然可以成篇但缺乏文采。现在的风俗已经这样了，又怎能独自去违背呢？只是不要做得太过于极端就好。要是有一个才华出众名誉过人的人来改革这种文章体制就好了，这确实也是我期盼的事情啊。

【原文】

古人之文，宏材逸气，体度风格，去今实远；但缉缀疏朴，未为密致耳。今世音律谐靡，章句偶对，讳避精详，贤于往昔多矣。宜以古之制裁为本，今之辞调为末，并须两存，不可偏弃也。

【译文】

古人写的文章，气势宏大行文飘逸，体裁风格和现在的文章确实有很大差别。只是古人在写作之中的用词造句、过渡钩连等方面做得有些简单，存在疏漏，所以文章结构不够紧密。现在写的文章，音律和谐华美，文章句子对仗工整，避讳用语精细详密，这些方面确实比过去的文章要好很多。写文章要用古文的体制格调作为根本，用现代人的词律音韵作补充，这两方面都应做好，不能偏废一方。

【原文】

吾家世文章，甚为典正，不从流俗；梁孝元在蕃邸时，撰《西府新文》，讫无一篇见录者，亦以不偶于世，无郑、卫之音[①]故也。有诗赋铭诔书表启疏二十卷，吾兄弟始在草土[②]，并未得编次，便遭火荡尽，竟不传于世。衔酷茹恨，彻于心髓！操行见于《梁史·文士传》及孝元《怀旧志》。

【注释】

①郑、卫之音：泛指靡靡之音。

②草土：指服丧。

【译文】

我父亲写的文章，典雅庄重，不落流俗；梁朝孝元帝在担任湘东王时撰写了《西府新文》，但先父的文章一篇都没有被收录进去，原因在于他的文章举世无双，里面没有那些靡靡之音。先父写的文章有诗、赋、铭、诔、书、表、启、疏等多种文体一共二十卷，我们兄弟当时正好在服丧，还没来得及编辑整理，便让大火烧了个干干净净，最后没有一篇在世间流传。我内心的悔恨渗透到了骨子里！父亲的节操美行在《梁史·文士传》和梁朝孝元帝写的《怀旧志》中都看得到。

十、名实

【题解】

为人处世应该表里如一，言行一致。本篇主要强调的是在生活中如何处理名与实之间的关系。

【原文】

名之与实，犹形之与影也。德艺周厚，则名必善焉；容色姝丽，则影必美焉。今不修身而求令名于世者，犹貌甚恶而责妍影于镜也。上士忘名，中士立名，下士窃名。忘名者，体道合德，享鬼神之福佑，非所以求名也；立名者，修身慎行，惧荣观[①]之不显，非所以让名也；窃名者，厚貌深奸，干浮华之虚称，非所以得名也。

【注释】

①荣观：荣誉、名誉。

【译文】

名与实的关系，就像形体和影子的关系一样。德行技艺周全深厚，那么名声必定会好；容貌姿色美丽，那么身影必然是漂亮的。现在不修养身心却想让自己的名声在世间传播，就好像一个容貌丑陋的人却想在镜子中照出曼妙的影像一样。上等人忘却名声，中等人树立名声，下等人窃取名声。忘却名声的人，体悟了道义，行为合乎美德，能够享受鬼神的赐福保佑，而不是用这些来求得名声；树立名声的人，修养身心谨慎言行，担心自己的荣誉看上去

不够明显，所以不会出让自己的名声；窃取名声的人，样子忠厚但内心深处非常奸邪，净做些虚有其表的事情，所以得不到好的名声。

【原文】

人足所履，不过数寸，然而咫尺之途，必颠蹶于崖岸，拱把之梁[①]，每沈溺于川谷者，何哉？为其旁无余地故也。君子之立己，抑亦如之。至诚之言，人未能信，至洁之行，物或致疑，皆由言行声名，无余地也。吾每为人所毁，常以此自责。若能开方轨[②]之路，广造舟之航，则仲由之言信，重于登坛之盟，赵熹之降城，贤于折冲之将矣。

【注释】

①拱把之梁：独木桥。

②方轨：两辆车并排行驶。

【译文】

一个人双脚所踩的范围，不过几寸而已，但走在咫尺宽的小道上，很容易从悬崖边上掉下去，走在独木桥上，很容易掉落沉入河川之中，这是为什么呢？是因为它的旁边没有空余的地方。君子立身处世也像这一样。最真诚的话语，人们未必会相信，最圣洁的行为，却有可能招致怀疑。这都是因为人们的言行名声没有留余地的缘故。我常常被别人诋毁，我也常常因此而自我责备。如果能走在像可以容纳两辆车并排行驶的道路上，或者像由船首尾相连而成的浮桥上，那么就会像仲由说的话那样，胜过诸侯会盟时的话语，像赵熹劝降城池一样，胜过让敌军兵车后退的大将。

【原文】

吾见世人，清名登而金贝入，信誉显而然诺亏，不知后之矛戟，毁前之干橹[1]也。虙子贱云：“诚于此者形于彼。”人之虚实真伪在乎心，无不见乎迹，但察之未熟耳。一为察之所鉴，巧伪不如拙诚，承之以羞大矣。伯石让卿，王莽辞政，当于尔时，自以巧密；后人书之，留传万代，可为骨寒毛竖也。近有大贵，以孝着声，前后居丧，哀毁踰制，亦足以高于人矣。而尝于苫块之中，以巴豆涂脸，遂使成疮，表哭泣之过。左右僮竖，不能掩之，益使外人谓其居处饮食，皆为不信。以一伪丧百诚者，乃贪名不已故也。

【注释】

①干：抵挡刀剑等武器的小盾牌。橹：抵挡矛戟等武器的大盾牌。

【译文】

我看到世间的人，获得了清廉的名声之后就开始收受钱财，信誉得以彰显之后就开始不遵守诺言，他们不明白后世的武器能够摧毁前世的盾牌的道理。虙子贱说过：“在这件事上做得诚信，就会在另一件事上表现出来。”人们的真假伪实都发自于内心，没有不会在行为上表现出来的，只可能是还没有观察到罢了。一旦被人们觉察发现，巧妙的伪装还不如拙朴的诚实，随之而来的便是极大的羞辱了。伯石假装让出卿相的位置，王莽假装辞掉了政权，在当时看来做得巧妙而缜密；但真相还是被后人书写下来，流传了千万代，让人读了之后骨髓发寒毛发耸立。

最近有一位大贵人，因为孝敬父母而声名卓著，先后为父母料理丧事的时候，哀痛的程度超过一般的礼仪制度，也就足以获得高于常人的名声了。但在居丧的时候用巴豆涂抹脸颊，让脸上长疮，表明自己哭泣得非常厉害。身边的童仆没有帮他掩饰，这反倒让外界的人认为他服丧期间的居住饮食都是不可相信的。用一件假事而让做过的百件真事丧失，这就是无休止地贪图名誉造成的。

【原文】

有一士族，读书不过二三百卷，天才钝拙，而家世殷厚，雅自矜持，多以酒犊[①]珍玩，交诸名士，甘其饵者，递共吹嘘。朝廷以为文华，亦尝出境聘。东莱王韩晋明笃好文学，疑彼制作，多非机杼[②]，遂设宴言，面相讨试。竟日欢谐，辞人满席，属音赋韵，命笔为诗，彼造次即成，了非向韵。众客各自沈吟，遂无觉者。韩退叹曰："果如所量！"韩又尝问曰："玉珽杼上终葵首，当作何形？"乃答云："珽头曲圜，势如葵叶耳。"韩既有学，忍笑为吾说之。

【注释】

①酒犊：指代美食佳肴。酒，美酒。犊，小牛。

②机杼：比喻文章创作构思精巧。

【译文】

有一个士族，读过的书不超过两三百卷，天资愚钝笨拙，但家境殷实，因此自命清高，经常用好酒好菜奇珍异宝结交有名人士，愿意接受他钱财的这些人，都先后为他吹嘘。朝廷认为他有文才，将他派出去当官。东莱王韩晋明非常喜欢文学，对他的作品心存疑虑，认为其中大多数作品并不是他本人构思的，于是就摆宴约谈当面讨教试探。宴会当天气氛欢乐和谐，写诗词的名人坐满了宴席，按照声韵规律提笔写诗。那个士人很快就写完了，但跟以往的声韵完全不同。其他客人都在各自沉吟诗句，没有人觉察到这一点。韩晋明退席后感叹道："果然和我估计的一样！"韩晋明曾经向这位士人询问："玉珽机杼上面安装的那个终葵之首是什么形状？"他居然回答："玉珽的头是弯的，所以终葵之首就是葵叶那种形状吧。"韩晋明是一个学问人，最后忍着笑跟我说完了这件事。

【原文】

治点子弟文章，以为声价，大弊事也。一则不可常继，终露其情；二则学者有凭，益不精励。

【译文】

为自己弟子的文章修改润色，从而提高他们的身价，这是一件弊端很大的事情。第一，这件事情不能永久做下去，最终会暴露出真相；第二，学习的弟子会形成依赖，更加不会精益求精。

【原文】

邺下有一少年，出为襄国令，颇自勉笃。公事经怀，每加抚恤，以求声誉。凡遣兵役，握手送离，或赍[①]梨枣饼饵，人人赠别，云："上命相烦，情所不忍；道路饥渴，以此见思。"民庶称之，不容于口。及迁为泗州别驾，此费日广，不可常周，一有伪情，触涂难继，功绩遂损败矣。

【注释】

①赍（jī）：把东西送给别人。

【译文】

邺城有个年轻人出任襄国县令，勤勉而认真。处理公事用心思考，对下面的人非常体恤，希望以此求得声誉。但凡派兵服役，他都要与士兵握手送别，或者给他们赠送梨子、枣子、饼子等东西，要和每个人都告别一番，并且说：“因为国家的命令要劳烦你们，我心里也不忍心让你们这样；路途遥远难免饥饿口渴，这些就算是我表表心意吧。”百姓对他称赞有加，赞不绝口。等到他调任泗州别驾的时候，这项工作的花费日渐增多，经常有人没有被顾及周全，一旦出现虚假矫情的事情，就难以继续开展下去，以往建立的功绩也就折损败坏了。

【原文】

或问曰：“夫神灭形消，遗声余价，亦犹蝉壳蛇皮，兽远[①]鸟迹耳，何预于死者，而圣人以为名教乎？”对曰：“劝也，劝其立名，则获其实。且劝一伯夷，而千万人立清风矣；劝一季札，而千万人立仁风矣；劝一柳下惠，而千万人立贞风矣；劝一史鱼，而千万人立直风矣。故圣人欲其鱼鳞凤翼，杂沓参差，不绝于世，岂不弘哉？四海悠悠，皆慕名者，盖因其情而致其善耳。抑又论之，祖考之嘉名美誉，亦子孙之冕服墙宇也，自古及今，获其庇荫者亦众矣。夫修善立名者，亦犹筑室树果，生则获其利，死则遗其泽。世之汲汲者，不达此意，若其与魂爽俱升，松柏偕茂者，惑矣哉！”

【注释】

①远（háng）：痕迹，多用来形容鸟兽的足迹或马车的辙痕。

【译文】

有人问："人死之后精神和躯体都消失了，遗留下的名声和评价，就像蝉蜕下的壳和蛇蜕下的皮、鸟兽走过之后留下的痕迹一样，跟死人没什么关系，但是圣人为什么要用它来教化民众呢？"回答说："这是一种劝勉，劝勉人们立下声名，就能收获实效。劝勉一个伯夷，就能为千万人树立清正的风气；劝勉一个季札，就能为千万人树立仁爱的风气；劝勉一个柳下惠，就能为千万人树立贞洁的风气；劝勉一个史鱼，就能为千万人树立正直的风气。所以圣人希望用这类凤毛麟角的人来带动社会中参差不齐的人，让美名在世间不间断地流传，这期中的意义不是非常重大的吗？天地如此广阔，都是仰慕名望的人们，这大概是因为人的本性而导致人们变得更善的缘故。再者，先祖们的美名，就是子孙后代们的精神殿堂，从古至今，受到祖辈美好声誉庇佑的人太多了。所以多做好事多立美名，就好像建房种树一样，活着的时候能获得它的利益，死了之后能够泽被后世。世上诸多庸碌无为的人无法领会其中的意义，如果他们与那些灵魂与美名一同升华，如同万古长青的松柏一样相提并论，就显得太愚笨了。"

十一、涉务

【题解】

人活于世，最可贵的就是能够做一些有益于他人的事情。本篇强调要臻于世务，切勿夸夸其谈。

【原文】

士君子之处世，贵能有益于物耳，不徒高谈虚论，左琴右书，以费人君禄位也。国之用材，大较不过六事：一则朝廷之臣，取其鉴达治体，经纶博雅；二则文史之臣，取其著述宪章，不忘前古；三则军旅之臣，取其断决有谋，强干习事；四则藩屏[①]之臣，取其明练风俗，清白爱民；五则使命之臣，取其识变从宜，不辱君命；六则兴造之臣，取其程功[②]节费，开略有术，此则皆勤学守行者所能辨也。人性有长短，岂责具美于六涂哉？但当皆晓指趣，能守一职，便无愧耳。

【注释】

①藩屏：文中指藩国。

②程功：核算工程进度。文中指衡量功绩。

【译文】

君子处于世间，最可贵的就是做一些有益于他人的事情，不能光会高谈阔论，左手弹琴右手写字，来浪费君主赐予的俸禄和官职。国家任用的人才，从大体上看不外乎六个方面：一是朝廷的大臣，看重的是他能对治国的体制纲法明鉴通达，并且通晓经纶博学文雅；二是文史大臣，看重的是他能撰写制度法令，并且不忘先帝古人留下的经验教训；三是军旅大臣，看重的是他敢于决断富有谋略，并且强于练兵习武之事；四是守卫藩国的大臣，看重的是他能明白地方的风俗，并且为官清廉体恤百姓；五是使者之臣，看重的是他能识别情形随机应变，并且不会有辱君王的使命；六是生产制造的大臣，看重的是他能核算工程的进度并且节约经费，并且能在开源节流上有好的方法，这些都是勤于学习恪守操行的人能够办到的。人的性格生来各有长短，又怎么能苛责在六个方面都做得好呢？只要能通晓这六个方面的大概，并且能够坐守一个职位，就能无愧于心了。

【原文】

吾见世中文学之士，品藻①古今，若指诸掌，及有试用，多无所堪。居承平之世，不知有丧乱之祸；处庙堂之下，不知有战陈之急；保俸禄之资，不知有耕稼之苦；肆吏民之上，不知有劳役之勤，故难可以应世经务也。晋朝南渡，优借士族；故江南冠带②，有才干者，擢为令仆已下尚书郎中书舍人已上，典掌机要。其余文义之士，多迂诞浮华，不涉世务；纤微过失，又惜行捶楚，所以处于清高，盖护其短也。至于台阁令史，主书监帅，诸王签省，并晓习吏用，济办时须，纵有小人之态，皆可鞭杖肃督，故多见委使，盖用其长也。人每不自量，举世怨梁武帝父子爱小人而疏士大夫，此亦眼不能见其睫耳。

【注释】

①品藻：评鉴等级。

②冠带：绑在头发上的带子，这里用来代称士族。

【译文】

我见到世间的文学之人，评鉴古今作品，好像在指点手掌中的东西一样，但到了任用他们做点实事的时候，大多都无法胜任。居住在太平盛世里，不知道会有丧生动乱的祸患；身处朝廷的保护下，不知道有打仗战斗的危急；确保有俸禄钱财可拿，不知道百姓耕种收割的辛苦；肆意地在百姓的头上横行，不知道从事劳役工作的人有多么辛苦，所以他们难以应付世间之事，不能处理政务。东晋南渡的时候，国家对士族待遇优厚，所以江南一带的士族中少有才干的人，都被提拔到尚书令尚书仆射之下，尚书郎中书舍人之上的官职，管理并掌握国家的机要部门。其他那些只懂一些文学道义的人，多半迂腐荒诞，做事浮夸，不懂世间事务；犯了一点点小错误，又不忍心责罚，所以只能让他们待在清闲的高位，好遮住他们的短处。至于台阁令史、主书监帅、诸王签省这一类的官员，都必须通晓官吏的相关工作，能够按时处理好工作事宜，即使他们犯了小人才会犯的毛病，也都可以用鞭打杖责的方式来督促他们改过，所以这些人大多被委任派用，是因为他们的长处得到了运用。人常常没有自知之明，世间的人都埋怨梁武帝父子亲近小人而疏远士大夫的行为，这就跟眼睛无法看到睫毛是一个道理。

【原文】

梁世士大夫，皆尚褒衣博带，大冠高履，出则车舆，入则扶侍，郊郭之内，无乘马者。周弘正为宣城王所爱，给一果下马[①]，常服御之，举朝以为放达。至乃尚书郎乘马，则纠劾之。及侯景之乱，肤脆骨柔，不堪行步，体羸气弱，不耐寒暑，坐死仓猝者，往往而然。建康令王复性既儒雅，未尝乘骑，见马嘶喷陆梁[②]，莫不震慑，乃谓人曰："正是虎，何故名为马乎？"其风俗至此。

【注释】

①果下马：一种高为三尺，可在果树下骑行的矮马。

②陆梁：跳跃。

【译文】

梁朝的士大夫都喜欢穿宽松的衣服系宽大的腰带，戴高帽子穿鞋底很高的鞋子，出门就坐马车，进门就被人搀扶，城内城外都看不到骑马的士大夫。周弘正深受宣城王喜爱，被赏赐了一匹果下马，他经常骑着它，整个朝廷中的人都认为他太过放荡。当时，尚书郎如果骑马就会被人弹劾。到了侯景之乱的时候，士大夫皮嫩骨柔，连走路都有困难，身体瘦小气息微弱，受不了天寒酷暑，在战乱中因为这些因素而死掉的人比比皆是。建康县令王复性格儒雅，从来没有骑过马，一次看见马跳起来嘶叫的样子，就被震慑住了，并且对人说："这明明就是老虎，为什么要叫马呢？"当时的社会风俗竟然到了这种地步。

【原文】

古人欲知稼穑之艰难，斯盖贵谷务本之道也。夫食为民天，民非食不生矣，三日不粒，父子不能相存。耕种之，茠[①]鉏[②]之，刈获之，载积之，打拂之，簸扬之，凡几涉手，而入仓廪，安可轻农事而贵末业哉？江南朝士，因晋中兴，南渡江，卒为羁旅，至今八九世，未有力田，悉资俸禄而食耳。假令有者，皆信僮仆为之，未尝目观起一坺[③]土，耘一株苗；不知几月当下，几月当收，安识世间余务乎？故治官则不了，营家则不办，皆优闲之过也。

【注释】

①茠（hāo）：除掉田间杂草。

②鉏（chú）：锄头。

③坺（fá）：用犁头翻地时翻出来的土块。

【译文】

古人知道耕种庄稼是非常艰辛的事情，这大概是人们将农业尊为根本的一个原因。吃饭是百姓天大的事情，百姓没了粮食就无法生存，三天不进粒米，父子都无法生存。耕种、除草、收获、储存、打谷、扬场，经过这几道工序，粮食才能存放到粮仓中，怎么能轻视农业而重视其他的末梢产业呢？南朝的官员，因为晋朝的复兴，南渡过江，最后在他乡流亡，到现在也有八九代了，这些人从来不出力耕田，都靠拿着俸禄糊口。即使他们有田能种，也都是交给童仆等人去做，我是从来没亲眼看过他们用犁耙翻起过一块土，插过一棵苗；不知道该在几月下种，该在几月收割，又怎么能知道如何处理世间的其他事务呢？所以为官不了解世情，持家又不会处理，这都是养尊处优的过错啊。

十二、省事

【题解】

省事是省去多余之事的意思。何谓多余之事？作者认为最关键的一点就是少说话，不惹事。

【原文】

铭金人云："无多言，多言多败；无多事，多事多患。"至哉斯戒也！能走者夺其翼，善飞者减其指，有角者无上齿，丰后者无前足，盖天道不使物有兼焉也。古人云："多为少善，不如执一；鼫鼠五能，不成伎术。"近世有两人，朗悟[①]士也，性多营综，略无成名，经不足以待问，史不足以讨论，文章无可传于集录，书迹未堪以留爱玩，卜筮射六得三，医药治十差[②]五，音乐在数十人下，弓矢在千百人中，天文、画绘、棋博，鲜卑语、胡书，煎胡桃油，炼锡为银，如此之类，略得梗概，皆不通熟。惜乎，以彼神明，若省其异端，当精妙也。

【注释】

①朗悟：聪明敏锐。

②差（chài）：病愈。

【译文】

铭刻在铜人身上的文字说："不要多说话，多说话就会多失败；不要多惹事，多惹事就会多祸患。"这句训诫真是太正确了！会跑的不让长出翅膀，善飞的减少其指头，长了双角的就不长上齿，后肢发达的就没有前足，大概是苍天不叫生物兼具这些优势吧！古人说："做得多但做好的少，就不如专心去做一件事；鼫鼠有五种本领，可都成不了技术。"近代有两位聪敏人士，兴趣涉猎广泛，却没成就什么名声，经学禁不起人家提问，史学够不上和人家讨论，文章不能入选集录流传，书法字迹不能够让人收藏把玩，卜筮六次只能中三次，医治十个人只能治好五个，音乐水平在几十人之下，拉弓射箭技能位于千百人之中，天文、绘画、博弈、鲜卑语、胡书、煎胡桃油、炼锡为银，像这一类的技术，也只是懂个大概，都不精通熟练。可惜啊！凭这两位的聪明才智，如果能省下做那些细枝末节的精力去做好一件事，应该就能变得精妙了。

【原文】

上书陈事，起自战国，逮于两汉，风流弥广。原其体度：攻人主之长短，谏诤之徒也；讦[①]群臣之得失，讼诉之类也；陈国家之利害，对策之伍也；带私情之与夺，游说之俦也。总此四涂，贾诚以求位，鬻言[②]以干禄。或无丝毫之益，而有不省之困，幸而感悟人主，为时所纳，初获不赀之赏，终陷不测之诛，则严助、朱买臣、吾丘寿王、主父偃之类甚众。良史所书，盖取其狂狷[③]一介，论政得失耳，非士君子守法度者所为也。今世所睹，怀瑾瑜而握兰桂者，悉耻为之。守门诣阙，献书言计，率多空薄，高自矜夸，无经略之大体，咸秕糠之微事，十条之中，一不足采，纵合时务，已漏先觉，非谓不知，但患知而不行耳。或被发奸私，面相酬证，事途回穴[4]，翻惧愆尤[5]；人主外护声教，脱加含养，此乃侥幸之徒，不足与比肩也。

【注释】

①讦：指有话直说不避讳。

②鬻（yù）言：指出卖言论。

③狷（juàn）：洁身自好。

④回穴：迂回曲折。

⑤愆尤：过错。

【译文】

递上奏书陈述事情，这起源于战国，到两汉时期便流行开来。推测它的体例：指出君主的优势劣势，这属于直接谏言之类；直说众大臣的得失，这属于诉讼之类；陈述国家政策的益处和不足，这属于对策之类；带着个人私情来肯定和批评，这属于游说之类。总的来说，这四种情况都是出卖忠诚来谋求官位，出卖言论来求得俸禄。有的不仅不能获得丝毫的利益，还会因为君主的不理解而陷入困顿，幸运的人就算让君主感悟，当时得到了采纳，最开始得到了不敢想象的优待，最终也会陷入无法预测的杀身之祸中，类似于严助、朱买臣、吾丘寿王、主父偃这一类的例子非常多。优秀的史官之所以把这些记录下来，大多是写他们偏激的一面，用来评论时政得失，士大夫、君子和守法的人都不会这么做。现在我们所看到的，但凡是品德优秀的君子都把上书言事视为一种耻辱。到朝廷上奏书谏言的，大都是一些胸中没有半点墨却又高看自己自命不凡的人，上奏的也不是治理国家的大事，都是一些芝麻谷子的琐事，提出十条建议，没有一条值得被采纳，即使有符合实际政务的，也是君主早已察觉的事情，不是说不知道，而是担心知道却无法推行。有的则被发现有奸邪私心，当面相互对质，因为事情反复曲折，反而担心自己的一些过失；君主对外为了维护朝廷的声威教化，会对这些事情进行包容，这些都是侥幸之徒，不值得跟他们并肩为伍。

【原文】

谏诤之徒，以正人君之失尔，必在得言之地，当尽匡赞之规，不容苟免偷安，垂头塞耳；至于就养[①]有方，思不出位，干非其任，斯则罪人。故《表记》云："事君，远而谏，则谄也；近而不谏，则尸利也。"《论语》曰："未信而谏，人以为谤己也。"

【注释】

①就养：侍奉。

【译文】

负责谏诤的大臣，就是来负责匡正君主过失的，必须在该说话的地方，尽力履行匡正的规定，不允许苟且省事偷得安定，低下头充耳不闻；至于侍奉君主要讲究方法，不要出离自己的职位范围，如果做了不是自己任内的工作，那就是罪人。所以《表记》之中记载说："侍奉君主，与君主关系疏远而进谏，就有谄媚的危险；与君主关系亲近而不进谏，就是尸位素餐。"《论语》说："没有被他人信任就进谏，别人会以为你在诽谤他。"

【原文】

君子当守道崇德，蓄价待时，爵禄不登，信由天命。须求趋竞，不顾羞惭，比较材能，斟量功伐[1]，厉色扬声，东怨西怒；或有劫持宰相瑕疵，而获酬谢，或有諠聒[2]时人视听，求见发遣；以此得官，谓为才力，何异盗食致饱，窃衣取温哉！世见躁竞得官者，便谓“弗索何获”；不知时运之来，不求亦至也。见静退未遇者，便谓“弗为胡成”；不知风云不与，徒求无益也。凡不求而自得，求而不得者，焉可胜算乎！

【注释】

①功伐：功勋。

②諠（xuān）聒：喧嚣刺耳。

【译文】

君子应当坚守道义崇尚美德，储备身价等待时机，就算爵位俸禄没有提升，也听天由命。如果竞相索求奔走，不顾及羞耻，和别人比较才能，对比功勋，表情严厉大声呼喊，埋怨这埋怨那；有的人还用宰相的短处相要挟，从而获取酬谢，有的人在众人面前大声喧哗混淆视听，希望早日得到派遣；凭借这些来获得官职，并将它称之为能力，这与偷东西吃让自己吃饱，偷衣服穿让自己暖和有什么区别！世间的人看到那些四处奔走而拿到官职的人，便说“不去索取怎么能得到呢”；他们不懂得时机到了，不用索求也能得到的道理。看到那些与世无争而没有得到重用的人，就说“不争取哪里能得到呢”；他们不知道时机不对，即使争取了也是徒劳的道理。所以不去追求但得到了，追求了而得不到的人，都是数不清的。

【原文】

齐之季世[①]，多以财货托附外家，諠动女谒。拜守宰者，印组光华，车骑辉赫，荣兼九族，取贵一时。而为执政所患，随而伺察，既以利得，必以利殆，微染风尘，便乖[②]肃正，坑阱殊深，疮痏[③]未复，纵得免死，莫不破家，然后噬脐[④]，亦复何及。吾自南及北，未尝一言与时人论身分也，不能通达，亦无尤焉。

【注释】

①季世：末世。

②乖：背离。

③疮痏（wěi）：疮疤。

④噬脐：啃咬自己的肚脐，比喻后悔莫及。

【译文】

齐朝的末世，很多人都用财物来依附权贵，通过宫中受宠的女子来求请托。要是能被封为地方官，就能佩戴闪耀光芒的绶带，车马光鲜显耀，荣誉布满九族，能获得一时的荣华富贵。但这些人常被执政者所讨厌，随即对他们伺机进行观察，既然是因为利益而获得，就必定会因为利益而消亡，稍微沾染了庸俗的风气，就会背离了肃正的道义。陷阱太深，伤疤还没有康复，就算免于一死，家族也免不了破败，就算后悔不及又有什么用呢？我从南方走到北方，从来没有跟别人说过一句有关身份的话，就算没有亨通显达，我也没有什么怨言。

【原文】

王子晋云："佐饔[①]得尝，佐斗得伤。"此言为善则预，为恶则去，不欲党人非义之事也。凡损于物，皆无与焉。然而穷鸟入怀，仁人所悯；况死士归我，当弃之乎？伍员之托渔舟，季布之入广柳，孔融之藏张俭，孙嵩之匿赵岐，前代之所贵，而吾之所行也，以此得罪，甘心瞑目。至如郭解之代人报仇，灌夫之横怒求地，游侠之徒，非君子之所为也。如有逆乱之行，得罪于君亲者，又不足恤焉。亲友之迫危难也，家财己力，当无所吝；若横生图计，无理请谒，非吾教也。墨翟之徒，世谓热腹，杨朱之侣，世谓冷肠；肠不可冷，腹不可热，当以仁义为节文尔。

【注释】

①佐饔（yōng）：辅助烹饪。

【译文】

王子晋说："辅助他人烹饪就可以吃到菜，帮助他人打架就会受到伤害。"这句话的意思是别人做善事就要帮忙，做恶事就要远离，不要跟别人合伙做不正义的事情。但凡是会对别人造成损害的事情都不要参与。但是穷途末路的小鸟飞入怀抱，会得到仁慈的人怜悯；何况那些敢死的勇士来归顺我，我应该抛弃他们吗？伍子胥托身渔船之中，季布藏在广柳车中，孔融把张俭藏了起来，孙嵩把赵岐藏了起来，前辈所尊崇的事情，也是我所遵行的，就算因此而获得罪名，我也心甘情愿能够闭眼。至于像郭解那样替别人报仇，灌夫遭迁怒而向田间百姓索求，这些都是游侠之类，君子是不会做出这些事的。要是有悖逆造反的行为，得罪了君主和家人，这就不值得体恤了。亲戚朋友受危难胁迫的时候，家中的钱财和自己的能力都不要吝啬；如果有人图谋不轨，提出无理的请求，这也不是我教育你们要体恤的人。墨翟之类的人，世间人认为他们是心肠太热的人，杨朱之类的人，世间人认为他们是冷酷无情的人；心肠不能冷漠，也不要太热，要用仁义道德来进行节制。

【原文】

前在修文令曹，有山东学士与关中太史竞历，凡十余人，纷纭累岁，内史牒付议官平之。吾执论曰："大抵诸儒所争，四分并减分两家尔。历象之要，可以晷景①测之；今验其分至薄蚀，则四分疏而减分密。疏者则称政令有宽猛，运行致盈缩，非算之失也；密者则云日月有迟速，以术求之，预知其度，无灾祥也。用疏则藏奸而不信，用密则任数而违经。且议官所知，不能精于讼者，以浅裁深，安有肯服？既非格令所司，幸勿当也。"举曹贵贱，咸以为然。有一礼官，耻为此让，苦欲留连，强加考核。机杼既薄，无以测量，还复采访讼人，窥望长短，朝夕聚议，寒暑烦劳，背春涉冬，竟无予夺，怨诮滋生，赧然而退，终为内史所迫：此好名之辱也。

【注释】

①晷景：日影。

【译文】

我以前在修文令曹的时候，山东的一个学士和关中的太史争论历法，一共有十几个人，争了好几年，内史下了牒文吩咐议官来摆平这件事情。我执意认为：“大体上诸位所争论的，不过就是‘四分历’和‘二分历’两种。历法里面的关键，都可以用日影来测算；如今根据春秋分冬夏至和日月食来检验，意味着‘四分历’太疏而‘二分历’太密。认为太疏的声称政治法令有宽有严，天体运行也就有长有短的区别，并不是计算中的失误；认为太密的声称日月运行有快有慢，通过一定的方法可以推求出它们的度次，跟祸福之说没有关系。采用较疏的可能藏奸因此不可信，采用较密的顺应了天数却不符合经义。议官所掌握的知识，并不比争论双方要专精，用学识浅薄的人去裁断学识深厚的人，哪有人愿意信服呢？既然不是格令所掌管的事情，就不要用他们来处理。”整个令曹中的所有人，都认为我说得对。有一个礼官，认为做出这种让步是耻辱的事情，苦苦纠结这件事情，强行加以考察核验。本身才疏学浅，没有办法自己测量，就向争辩的双方询问，偷偷地窥测双方的长短，早晚都聚在一块儿商讨，寒来暑往都不觉得厌烦劳苦，春去冬来，最终还是无法定夺，埋怨讥诮的话语渐渐滋生，他只能羞愧地退下，并被内史批评：这就是追求名声而招致的耻辱。

十三、止足

【题解】

凡事要知足，知足才能常乐。本篇强调不论是出任为官，还是积蓄钱财，都要懂得知足的道理。

【原文】

《礼》云："欲不可纵，志不可满。"宇宙可臻其极，情性不知其穷，唯在少欲知足，为立涯限尔。先祖靖侯戒子侄曰："汝家书生门户，世无富贵；自今仕宦不可过二千石，婚姻勿贪势家。"吾终身服膺①，以为名言也。

【注释】

①膺：心胸。

【译文】

《礼记》中说过："欲望不能放纵，志向不能满足。"宇宙万物都能够接近它的极限，但性情没有尽头，只有减少欲望懂得满足，为自己设立一个限度。先祖靖侯告诫自己的子侄说："你们家是书香世家，世世代代没有富贵显耀的人；从现在起，当官不能当俸禄超过两千石的大官，结婚不要贪图势力显赫的人家。"我终生将这句话记在心里，认为它是一句至理名言。

【原文】

天地鬼神之道，皆恶满盈。谦虚冲损，可以免害。

人生衣趣以覆寒露，食趣以塞饥乏耳。形骸之内，尚不得奢靡，己身之外，而欲穷骄泰邪？周穆王、秦始皇、汉武帝，富有四海，贵为天子，不知纪极[①]，犹自败累，况士庶乎？常以二十口家，奴婢盛多，不可出二十人，良田十顷，堂室才蔽风雨，车马仅代杖策，蓄财数万，以拟吉凶急速，不啻[②]此者，以义散之；不至此者，勿非道求之。

【注释】

①纪极：限度，极限。

②不啻（chì）：不仅。

【译文】

天地鬼神之道，都不喜欢满盈。谦虚可以冲抵损害，免除祸患。人活着的时候穿衣服就是为了遮挡严寒，吃饭就是为了填饱肚子避免饥饿乏力。自己的身体尚且没有追求奢靡，身体之外为什么要过得骄奢安泰呢？周穆王、秦始皇、汉武帝，拥有天下且贵为天子，不懂得知足，自己让自己失败受害，何况是平凡人呢？我一直认为一个二十人的家庭，奴婢再多也不要超过二十人，有十顷良田，家中厅堂房间能够遮风挡雨就好，车马只用来代替拄杖，节省下几万的钱财，以应对紧急的吉凶事情。不仅只有这些的，要通过道义的事情来散掉；没有达到这些的，也不要用不恰当的方法来求得。

【原文】

仕宦称泰，不过处在中品，前望五十人，后顾五十人，足以免耻辱，无倾危也。高此者，便当罢谢，偃仰[①]私庭。吾近为黄门郎，已可收退；当时羁旅，惧罹谤讟[②]，

思为此计，仅未暇尔。自丧乱已来，见因托风云，徼幸富贵，旦执机权，夜填坑谷，朔欢卓、郑，晦泣颜、原者，非十人五人也。慎之哉！慎之哉！

【注释】

①偃仰：安居。

②谤䜑（dú）：怨恨毁谤。

【译文】

当官要当得安稳，就要做中品的官，向前看有五十个人，向后望有五十个人，这足够避免耻辱，还不会有倾覆的隐患。官位比这个高，就应当辞位谢官，到自己的家中安居休闲。我最近当上了黄门郎，也到了该收拾回家的地步了；那个时候因为漂泊在外，担心别人的流言诽谤，心中一直有这个计划，但没有时机来实行。自从丧乱之后，我看见很多人凭借着风云变幻的机会侥幸获得了荣华富贵，早上还握有大权，到了晚上就被埋进了坑谷之中。月头的时候还像卓、郑那样快乐，月底却成了颜、原一样悲惨哭泣的人。这种人可不止十个五个啊！所以要谨慎，要谨慎啊！

十四、诫兵

【题解】

本篇讲述了作者对练兵习武一事的态度。作者认为，要保全家门，应该世代学儒，远离武行。

【原文】

颜氏之先，本乎邹、鲁，或分入齐，世以儒雅为业，遍在书记。仲尼门徒，升堂者七十有二，颜氏居八人焉。秦、汉、魏、晋，下逮齐、梁，未有用兵以取达者。春秋世，颜高、颜鸣、颜息、颜羽之徒，皆一斗夫耳。齐有颜涿聚，赵有颜冣，汉末有颜良，宋有颜延之，并处将军之任，竟以颠覆。汉郎颜驷，自称好武，更无事迹。颜忠以党楚王受诛，颜俊以据武威见杀，得姓已来，无清操者，唯此二人，皆罹祸败。顷世乱离，衣冠之士，虽无身手，或聚徒众，违弃素业，徼幸战功。吾既羸薄，仰惟前代，故寘[①]心于此，子孙志之。孔子力翘门关，不以力闻，此圣证也。吾见今世士大夫，才有气干，便倚赖之，不能被甲执兵，以卫社稷；但微行险服[②]，逞弄拳腕，大则陷危亡，小则贻耻辱，遂无免者。

【注释】

①寘（zhì）：放置。

②微行险服：微行指不动声色地行动，险服指不合乎规范的衣服。

【译文】

颜氏的祖先本来在邹国和鲁国，有的分支迁到了齐国，世世代代都以儒雅的工作为基业，书中记载的例子有许多。孔子的学生当中，优秀的学生有七十二人，其中颜氏占了其中八人。上至秦汉魏晋，下到齐梁两朝，还没有靠练兵习武而变得显达的人。春秋时期的颜高、颜鸣、颜息、颜羽等人都不过是一介武夫而已。齐国有颜涿聚，赵国有颜冣，汉末有颜良，宋国有颜延之，他们都身处将军的位置，但最终也因此而覆亡。汉朝的侍郎颜驷，自称爱好武学，但一直没做出什么功绩。颜忠因为党附楚王而被诛杀，颜俊因为占据武威而被杀，有颜姓之后，没有清白节操的就只有这两个人了，都因遭遇祸乱而失败。近代天下混乱，那些士大夫与贵族子弟，虽然没有习武的勇力，但有的人聚集众人，抛弃素来从事的事业，想侥幸夺取战功。我身体瘦弱单薄，回想颜氏家族前辈的种种事迹，所以还是把心思放在读书上面，子孙们要记住这一点。孔子的力气大到能够举起沉重的关门，但没有因为力气大而闻名，这是圣人留下的例证。我看到现在的士大夫，稍微有一点点气数，就想依靠它，却不穿上铠甲拿起武器保卫国家，而是行踪莫测穿着奇怪的衣服，耍花拳绣腿，严重的就会让自己陷入危亡之中，轻的也会蒙受耻辱，没有一个人能免除这种结果。

【原文】

国之兴亡，兵之胜败，博学所至，幸讨论之。入帷幄之中，参庙堂之上，不能为主尽规以谋社稷，君子所耻也。然而每见文士，颇读兵书，微有经略。若居承平之世，睥睨宫阃[①]，幸灾乐祸，首为逆乱，诖[②]误善良；如在兵革之时，构扇反复，纵横说诱，不识存亡，强相扶戴：此皆陷身灭族之本也。诫之哉！诫之哉！

【注释】

①阃：进门的门槛，这里指作战事宜。

②诖（guà）误：连累，耽误。

【译文】

国家的兴衰，战事的成败，如果足够博学，是可以加以讨论的。在战争中运筹帷幄，在朝廷上谏言议事，要是无法为君主出谋划策来促进国家发展，这是君子的耻辱。但我常常见到一些读书人，因为读过几本兵书，稍微懂得一点点战争策略，要是在太平盛世，就不把朝廷放在眼里，幸灾乐祸，带头谋反，并且连累善良的人；要是在战乱时期，就煽动百姓起来造反，用各种方式游说诱骗。他们看不到存亡的节点，只知道互相扶持拥戴：这都是招来杀身之祸和家族灭亡的根本。一定要引以为戒，引以为戒啊！

【原文】

习五兵，便乘骑，正可称武夫尔。今世士大夫，但不读书，即称武夫儿，乃饭囊酒瓮也。

【译文】

能够熟练地操习五种兵器，擅长骑马，这种人才能被称作武夫。如今的士大夫，只要不读书就把自己称作武夫，其实就是酒囊饭袋而已。

十五、养生

【题解】

养生不仅仅是服药治病，更要学会躲避各种世间灾祸。本篇认为，不能保全自己就无所谓养生益寿。

【原文】

神仙之事，未可全诬[①]；但性命在天，或难钟值[②]。人生居世，触途牵絷[③]：幼少之日，既有供养之勤；成立之年，便增妻孥之累。衣食资须，公私驱役；而望遁迹山林，超然尘滓，千万不遇一尔。加以金玉之费，炉器所须，益非贫士所办。学如牛毛，成如麟角。华山之下，白骨如莽，何有可遂之理？考之内教[④]，纵使得仙，终当有死，不能出世，不愿汝曹专精于此。若其爱养神明，调护气息，慎节起卧，均适寒暄，禁忌食饮，将饵[⑤]药物，遂其所禀，不为夭折者，吾无间然。诸药饵法，不废世务也。庾肩吾常服槐实，年七十余，目看细字，须发犹黑。邺中朝士，有单服杏仁、枸杞、黄精、术、车前得益者甚多，不能一一说尔。吾尝患齿，摇动欲落，饮食热冷，皆苦疼痛。见《抱朴子》牢齿之法，早朝叩齿三百下为良；行之数日，即便平愈，今恒持之。此辈小术，无损于事，亦可修也。凡欲饵药，陶隐居《太清方》中总录甚备，但须精审，不可轻脱。近有王爱州在邺学服松脂，不得节度，肠塞而死，为药所误者甚多。

【注释】

①诬：虚妄、虚假。

②钟值：指恰好遇上。

③牵絷（zhí）：牵挂、牵绊。

④内教：指佛教。

⑤饵：吃。

【译文】

成为神仙这一类的事情也不能说都是假的，只是人的性命由天决定，要遇上这种机会非常困难。人一辈子活在世上，到处都会有牵绊：年少的时候就有侍奉父母的辛劳，成年之后就增添了照顾妻儿等的负累。要解决穿衣吃饭的需求，还要为公事和私事操劳；希望能隐居在山林之中，超然于尘世，能做到这点的人一千万人中可能还不到一个。加上炼丹花费的那些黄金玉器以及必要的锅炉器皿，这就更不是那些贫穷的人能够办成的事情了。学习道行的人多如牛毛，但最终得道的人寥寥无几。华山下面，白骨和野草一样多，哪里又有什么顺心如意的道理可言？在佛教中考虑这个问题，即使得道升仙了，最终也免不了一死，不能超然于世外，我不希望你们在这件事情上下太多功夫。要是爱惜养护精神、调理气息、作息规律、保暖适当，不暴饮暴食，适当吃药调补，达到应有的天命，没有提前夭折，我也没有什么要批评的。了解各种药的吃法，但不要因此而偏废了世间的事务。庾肩吾经常服用槐树籽，年纪七十多岁了，还能看清很小的字，胡须头发还是黑色的。邺城中的一些朝廷官员，有的人专门服用杏仁、枸杞、黄精、术、车前等药材并且受益良多，无法一一详说。我曾经牙齿有疾病，牙齿松动得像要掉了一样，不管吃热的吃冷的，都要遭受苦楚。我看到《抱朴子》里面提到让牙齿坚固的方法，早上起来上下牙齿叩碰三百下较好。我照着做了几天，牙齿就全好了，到现在还坚持这么做。这一类的小方法不会对其他事情造成损害，可以学一学。但凡需要吃药，陶隐居写的《太清方》中收录得非常完备，不过也要仔细审读，不能轻率。最近有个叫王爱州的人在邺城学习服用松脂，没有节制好用量，最终因为肠塞而死。这种因为错误服药而被害的例子很多。

【原文】

夫养生者先须虑祸，全身保性，有此生然后养之，勿徒养其无生也。单豹养于内而丧外，张毅养于外而丧内，前贤所戒也。嵇康着《养生》之论，而以傲物受刑；石崇冀服饵之征，而以贪溺取祸，往世之所迷也。

【译文】

养生的人首先要考虑避免灾祸，保全自己的性命，有了性命才能够去保养，不要徒劳地去保养那些不存在的长生不老的生命。单豹善于保养身心但因为外界原因而丧命，张毅很注重外界的养护却因为体内的疾病而丧命，前代的贤者都引以为戒。嵇康写了《养生论》，却因为恃才傲物而遭受刑戮；石崇冀希望靠服药来延寿，却因为贪图并沉湎于财色之中而招致祸端，这是过往那些糊涂人的例子。

【原文】

夫生不可不惜，不可苟惜。涉险畏之途，干祸难之事，贪欲以伤生，谗慝[1]而致死，此君子之所惜哉；行诚孝而见贼，履仁义而得罪，丧身以全家，泯躯而济国，君子不咎也。自乱离已来，吾见名臣贤士，临难求生，终为不救，徒取窘辱，令人愤懑。侯景之乱，王公将相，多被戮辱，妃主姬妾，略无全者。唯吴郡太守张嵊，建义[2]不捷，为贼所害，辞色不挠；及鄱阳王世子谢夫人，登屋诟怒，见射而毙。夫人，谢遵女也。何贤智操行若此之难？婢妾引决[3]若此之易？悲夫！

【注释】

①慝（tè）：灾祸。

②建义：召集义军，举起义旗。

③引决：毅然选择死亡，文中可理解为舍身就义。

【译文】

生命不能不加以爱惜，而且不能胡乱爱惜。涉足危险的道路，从事导致祸患的事情，追求贪念欲望会伤及性命，作奸犯科会招致死亡，这都是君子要谨慎的方面；做诚信孝义的事情而被害，做符合仁义的事情而被判有罪，为了保全家族舍弃自己的性命，为了保全国家捐出自己的躯体，这些事情君子是不会怪罪的。自从离乱的局势以来，我看到一些有名的臣子和贤能的士人，危难关头苟且求生，但最终没有得救，还白白遭受侮辱，这确实让人愤懑。侯景之乱时，王公将相大多被杀戮侮辱，妃主姬妾也几乎没什么人幸存。只有吴郡的太守张嵊在组织义军起义时失败，最终被逆贼杀害，临死时话语和神色都表现出不屈不挠的样子；还有鄱阳王世子的谢夫人，站上屋顶怒骂反贼，最终被箭射中身亡。谢夫人就是谢遵的女儿。为什么那些贤能的智士要坚守操行这般艰难，而奴婢妾女一类的人舍身就义却这般容易？这就是一种悲哀啊！

十六、归心

【题解】

作者认为，凡事都有因果报应。本篇的归心即“回归佛心”，认为要虔诚信佛，不能虚度光阴。

【原文】

三世之事，信而有征，家世归心，勿轻慢也。其间妙旨，具诸经论，不复于此，少能赞述；但惧汝曹犹未牢固，略重劝诱尔。

【译文】

佛教中说的过去、现在、未来三世，是可信而且可以证明的事情，我们家世世代代皈依佛心，不能轻视怠慢。其中的奥妙主旨，在佛教典籍之中都有，这里就不再过多地赞美描述；只担心你们信佛之心还不牢固，这里再重新劝说诱导而已。

【原文】

原夫四尘五荫，剖析形有；六舟三驾，运载群生：万行归空，千门入善，辩才智惠，岂徒《七经》、百氏之博哉？明非尧、舜、周、孔所及也。内外两教，本为一体，渐积为异，深浅不同。内典初门，设五种禁；外典仁义礼智信，皆与之符。仁者，不杀之禁也；义者，不盗之禁也；礼者，不邪之禁也；智者，不酒之禁也；信者，不妄之禁也。至如畋狩军旅，燕享刑罚，因民之性，不可卒[1]

除，就为之节，使不淫滥尔。归周、孔而背释宗，何其迷也！

【注释】

①卒：通“猝”，立即。

【译文】

“四尘”和“五荫”剖析的是世界上有形的物体；用“六舟”“三驾”的方法超度众生：万种修行方法最终都要归入空门，千种法门能让人进入善地，高明的辩才和智慧，又岂止是《七经》和诸子百家那样广博？佛所知道的东西绝不是尧、舜、周、孔所能赶得上的。内外两教本来互为一体，经过逐渐演变而形成了差异，境界的深浅不同。佛教经典的初学法门，设有五种禁戒；儒家经典中所强调的仁、义、礼、智、信这些德行都与五禁相符合。仁，就是不杀生的禁戒；义，就是不盗窃的禁戒；礼，就是不做奸邪事情的禁戒；智，就是不酗酒的禁戒；信，就是不虚妄的禁戒。至于像打猎、作战、宴饮、刑罚等，都是因随人类的本性而来的，不能立即废除，只能加以节制，使它们不至于泛滥成灾罢了。尊崇周公、孔子的道义却违背了佛教教义，这是多么糊涂啊！

【原文】

俗之谤者，大抵有五：其一，以世界外事及神化无方为迂诞也，其二，以吉凶祸福或未报应为欺诳也，其三，以僧尼行业多不精纯为奸慝也，其四，以糜费金宝减耗课役为损国也，其五，以纵有因缘如报善恶，安能辛苦今日之甲，利益后世之乙乎？为异人也。今并释之于下云。

【译文】

凡俗之人诽谤佛教的原因大致来看有五个：第一，认为世界以外的事情和神灵的变化无常是荒诞的事情。第二，认为现实中的吉凶祸福并没有得到相应的报应，所以认为佛教在欺骗世人。第三，认为僧尼之中有许多不精纯的人，所以认为佛教中多是奸邪的恶人。第四，认为佛教消耗金银财宝且佛教人士不交课税不服劳役，所以认为佛教有损国家。第五，认为就算存在因果与善恶报应，怎能让今天的甲辛劳却让后世的乙得利呢？这是两个不同的人啊。我现在用下面的文字一并进行解释。

【原文】

释一曰：夫遥大之物，宁可度量？今人所知，莫若天地。天为积气，地为积块，日为阳精，月为阴精，星为万物之精，儒家所安也。星有坠落，乃为石矣；精若是石，不得有光，性又质重，何所系属？一星之径，大者百里，一宿首尾，相去数万；百里之物，数万相连，阔狭从斜，常不盈缩。又星与日月，形色同尔，但以大小为其等差；然而日月又当石也？石既牢密，乌兔焉容？石在气中，岂能独运？日月星辰，若皆是气，气体轻浮，当与天合，往来环转，不得错违，其间迟疾，理宜一等；何故日月五星二十八宿，各有度数，移动不均？宁当气坠，忽变为石？地既滓浊，法应沈厚，凿土得泉，乃浮水上；积水之下，复有何物？江河百谷，从何处生？东流到海，何为不溢？归塘尾闾，渫[①]何所到？沃焦之石，何气所然？潮汐去还，谁所节度？天汉悬指，那不散落？水性就下，何故上腾？天地初开，便有星宿；九州未划，列国未分，翦疆区野，若为躔次[②]？封建已来，谁所制割？国有增减，星无进退，灾祥祸福，就中不差；乾象之大，列星之伙，何为分野，止系中国？昴为旄头，匈奴之次；西胡、东越，雕题、交址，独弃之乎？以此而求，迄无了者，岂得以人事寻常，抑必宇宙外也？

【注释】

①渫（xiè）：泄漏。

②躔（chán）次：天体运行在轨道上的位次。

【译文】

对第一种诽谤的解释：遥远宏大的事物，如何能度量？现在人们所知道的东西，没有比得上天和地的。天是由气积聚而成的，地是由土石积聚而成的，太阳是阳气的精华，月亮是阴气的精华，星辰是万物的精华，儒家所信奉的便是这样。星辰如果陨落，就是石头；精华如果是石头，就不会有光辉，而且石头本质很重，是用什么系在空中的？一颗星辰的直径，大的有百余里，一个星宿的头尾相隔几万里；百里宽的物体，隔着数万里还能相连，在宽窄纵斜的排列上都保持不扩张不收缩。星辰和日月相比，形状与颜色都相同，但在大小上有等级差别。这样说来，太阳和月亮也应当是石头吗？石头牢固紧密，怎么容得下太阳的金乌和月亮的玉兔呢？石头浮在空气中，又怎么能独立运转呢？太阳月亮星辰如果都是气体，气体轻盈会浮起来，应当与天空相融合，来回旋转，不能相互交错，它们之间运行的速度快慢，按理来说应该保持一致；但是为什么太阳月亮五大行星二十八星宿都有各自的位置，移动的速度并不平均呢？难道是气体坠落时突然变成石头的？大地既然是由渣滓浊物凝结成的，按道理来说应该沉重而厚实，但是凿开土地能够挖出泉水，说明土地浮在水上；积存的水下又还有什么东西呢？长江黄河和其他百川从哪里发源呢？江河的水都向东流到海里，海水为什么不会溢出来呢？水都流到归塘尾闾这两个地方，那它们之中的水又流去哪里呢？沃焦山的石头能烧干海水，什么气体能够做到这样呢？潮涨潮落，是谁在控制？银河悬挂在天上，因为什么原因而不坠落？水的本性就是往下流，为什么会蒸腾上升？天地刚刚分开的时候就有了星宿；当时九州还没划分出诸多列国，这些星宿已经划定疆界区别地域，是谁为它们安排运行位次的呢？封疆建国之后，又是谁主宰这些事情呢？国家数量有增有减，但星辰的位置没有变化，相对应的祸福凶吉也照常发生没有偏差。天象之大，星宿之多，为何划分的疆野仅仅局限在中原呢？被称为旄头的昴星对应的是匈奴，西胡、东越、雕题、交趾这些就被抛弃了吗？这些问题去求索，永远不会有尽头，又怎能用人间的寻常事宜去衡量宇宙之外的事情呢？

【原文】

凡人之信，唯耳与目；耳目之外，咸致疑焉。儒家说天，自有数义：或浑或盖，乍宣乍安。斗极所周，管维[①]所属，若所亲见，不容不同；若所测量，宁足依据？何故信凡人之臆说，迷大圣之妙旨，而欲必无恒沙[②]世界、微尘数劫也？而邹衍亦有九州之谈。山中人不信有鱼大如木，海上人不信有木大如鱼；汉武不信弦胶，魏文不信火布；胡人见锦，不信有虫食树吐丝所成；昔在江南，不信有千人毡帐，及来河北，不信有二万斛船：皆实验也。

【注释】

①管维：古人假想宇宙运转所凭借的枢纽。

②恒沙：佛教语“恒河沙数”的缩减，形容无法计算的庞大数目。

【译文】

平凡人所相信的就是自己的耳朵和眼睛；耳朵眼睛之外的，都会加以质疑。儒家在谈论天的问题上，有几种观点：有浑天说，有盖天说，有宣夜说，有安天说。北斗星和北极星依照斗枢运转，要都是亲眼所见，也就不会看法不同；要是所依靠的就是揣测估量，又怎么能作为充足的依据呢？为什么相信平凡的人臆断的说法，而不相信佛祖精妙的旨意，认为不存在多得数不清的世界，不相信细小的微尘经历过多次劫难呢？邹衍也提出过九州之外还有九州的观点。山中的百姓不相信有像树一样大的鱼，海上的百姓不相信有像鱼一样大的树；汉武帝不相信世上有弦胶，魏文帝不相信世上有火布；胡人看到锦缎，不相信这是虫子吃树叶后吐出来的丝织成的；昔日在江南的时候，不相信世界上有容纳千人的毡帐，到了黄河以北时，那里的人不相信世界上有装载两万斛的船：这些都是现实中的经验。

【原文】

世有祝师及诸幻术，犹能履火蹈刃，种瓜移井，倏忽之间，十变五化。人力所为，尚能如此；何况神通感应，不可思量，千里宝幢[①]，百由旬座，化成净土，踊出妙塔乎？

【注释】

①宝幢（chuáng）：刻有经文的石柱。

【译文】

世界上有巫师以及懂得各种幻术的人，他们都能踩在火上前进，能在刀刃上跳舞，能让刚种下的瓜果成熟，还能将深井移动，就在一瞬间，产生千变万化。通过人的力量尚且能做到这种地步，又何况神通广大的佛祖，这是不能用思维去衡量的，他能变出千里高的经幢、千里宽的宝座，幻化出极乐净土，让地上长出美丽的宝塔。

【原文】

释二曰：夫信谤之征，有如影响；耳闻目见，其事已多，或乃精诚不深，业缘未感，时傥差阑[①]，终当获报耳。善恶之行，祸福所归。九流百氏，皆同此论，岂独释典为虚妄乎？项橐、颜回之短折，伯夷、原宪之冻馁，盗跖、庄跻之福寿，齐景、桓魋[②]之富强，若引之先业，冀以后生，更为通耳。如以行善而偶钟祸报，为恶而傥值福征，便生怨尤，即为欺诡；则亦尧、舜之云虚，周、孔之不实也，又欲安所依信而立身乎？

【注释】

①差阑：较晚，稍迟。

②魋：音tuí。

【译文】

对第二种诽谤的解释：我认可你们诽谤的这种征兆，因果报应就应该像影子和回音一样跟本体对应存在着，我亲耳听到亲眼见到的这种事情已经很多，有时可能因为不够精诚，缘分没有感应到，报应的时间会稍迟一些，但最终是会得到报应的。行善还是行恶，决定了是得福还是得祸。九流百家的学者都认同这个观点，怎么能说佛教典籍是虚假骗人的呢？项橐、颜回的短命夭折，伯夷、原宪的受冻挨饿，盗跖、庄跻的幸福长寿，齐景、桓魋的富有强盛，要是将他们过去积攒下来的福祸，报应在后来的生命中，这些就都说得通。如果做了好事但偶尔得到了恶报，做了坏事但偶尔得到了善报，便因此而产生埋怨的想法，认为因果报应是骗人的，这就是认为尧、舜等都是虚的，周公、孔子说的也不是真实的，那么还能相信什么而在这个世间立身呢？

【原文】

释三曰：开辟已来，不善人多而善人少，何由悉责其精洁①乎？见有名僧高行，弃而不说；若睹凡僧流俗，便生非毁。且学者之不勤，岂教者之为过？俗僧之学经律，何异士人之学《诗》《礼》？以《诗》《礼》之教，格朝廷之人，略无全行者；以经律之禁，格出家之辈，而独责无犯哉？且阙行②之臣，犹求禄位；毁禁之侣，何惭供养乎？其于戒行，自当有犯。一披法服，已堕僧数，岁中所计，斋讲诵持，比诸白衣，犹不啻山海也。

【注释】

①精洁：精粹纯洁。

②阙行：在道德上有过失。

【译文】

对第三种诽谤的解释：开天辟地以来就是坏人多而好人少，怎么能要求每一个僧尼都是精粹纯洁的呢？眼见名僧的高尚德行，却放在一旁不说；要是见到几个庸俗的僧人落入凡俗，就萌生了非议诋毁的想法。况且，学习的人不勤勉，难道是教育者的过失吗？凡庸僧尼学习佛家经律，跟士人学习《诗经》《礼记》有什么区别？用《诗经》《礼记》中的教诲去衡量朝廷中的官员，大概没有几个是符合标准的。用佛教当中的戒律去衡量出家人，为何唯独责成他们不要违犯戒律呢？德行有缺失的官员，还能享受高官厚禄，犯了禁律的僧尼，为什么要对供养感到惭愧呢？对于规定的戒行，自然会有人偶尔违反。出家人一披上法衣，就算是成了僧尼，一年到头做的事情，就是吃斋饭念佛经，主持修行，跟身披白衣的俗家弟子相比，其中的差距超过了高山和深海。

【原文】

释四曰：内教多途，出家自是其一法耳。若能诚孝在心，仁惠为本，须达、流水，不必剃落须发；岂令罄井田而起塔庙，穷编户以为僧尼也？皆由为政不能节之，遂使非法之寺，妨民稼穑，无业之僧，空国赋算，非大觉之本旨也。抑又论之：求道者，身计也；惜费者，国谋也。身计国谋，不可两遂。诚臣徇主而弃亲，孝子安家而忘国，各有行也。儒有不屈王侯高尚其事，隐有让王辞相避世山林；安可计其赋役，以为罪人？若能偕化黔首，悉入道场，如妙乐之世，穰佉[①]之国，则有自然稻米，无尽宝藏，安求田蚕之利乎？

【注释】

①穰佉：梵语，即俗称的转轮王。

【译文】

对第四种诽谤的解释：佛教的修行有很多种途径，出家只是其中的一种方法。如果能把诚孝都放在心中，将施行仁爱恩惠作为根本，像须达、流水那样，不必剃掉胡须头发才出家；怎么能下令用尽所有的井田来造塔修庙，让所有的百姓都当僧尼呢？这都是因为当政的官员不能节制佛教的发展，才让非法的寺庙妨害了百姓的耕种，无处谋生的僧人空享国家的预算，这并不是佛教的本来意图。也可以这样说，求佛道是为了自身打算，节约费用是为了国家打算。为自己打算和为国家打算，两者不能兼顾。这就跟臣子侍奉君主而放弃赡养双亲，孝子安定家庭但忘了保卫国家，各自有各自的行为准则罢了。儒家之中也有不愿意委屈自己侍奉王侯，而以高尚的标准做事的人；隐者当中也有让出王位辞掉宰相在山林中隐居的，怎么能计算这些人的税赋徭役，将他们当成不交税不服徭役的罪人呢？要是百姓都能被感化，都能进入佛门，去到妙乐之世、穰佉之国，那里有自然生长的稻米和用不完的宝藏，哪里还会去追求种田养蚕的利益呢？

【原文】

释五曰：形体虽死，精神犹存。人生在世，望于后身似不相属；及其殁后，则与前身似犹老少朝夕耳。世有魂神，示现梦想，或降童妾，或感妻孥，求索饮食，征须福佑，亦为不少矣。今人贫贱疾苦，莫不怨尤前世不修功业；以此而论，安可不为之作地乎？夫有子孙，自是天地间一苍生耳，何预身事？而乃爱护，遗其基址[①]，况于己之神爽，顿欲弃之哉？凡夫蒙蔽，不见未来，故言彼生与今非一体耳；若有天眼，鉴其念念随灭，生生不断，岂可不怖畏邪？又君子处世，贵能克己复礼，济时益物。治家者欲一家之庆，治国者欲一国之良，仆妾臣民，与身竟何亲也，而为勤苦修德乎？亦是尧、舜、周、孔虚失愉乐耳。一人修道，济度几许苍生？免脱几身罪累？幸熟思之！汝曹若观俗计，树立门户，不弃妻子，未能出家；但当兼修戒行，留心诵读，以为来世津梁。人生难得，无虚过也。

【注释】

①基址：这里指事业的根本。

【译文】

对第五种诽谤的解释：人的形体虽然死去，但精神还是存在。人活在世界上，远望死后的事，就好像是没有关联的事情一样，等到死后，你的灵魂与你的前身之间就像老人与小孩、早晨与晚上的关系一样。世上有死者的灵魂会在活人的梦中出现，有的托梦给童仆、小妾，有的托梦给妻子、儿女，向他们索求饮食，验证死后也需要生前的福祉来保佑，这种事也不少。现在有的人看到自己贫穷疾苦，无不怨恨前世没有修好功德。从这一点来说，生前为什么不为来世准备一块福地呢？至于人有子孙，他们也只是天地间的一个百姓，跟我自身有什么关系？尚且要尽心爱护，留给他们一定的家业。对自己的灵魂，又怎能弃之不顾呢？凡夫俗子受到蒙蔽，看不到未来，所以就说来生和今世不是一体。要是有天眼去洞察随时生随时灭的念想，世世代代不断绝，这难道不是一件令人害怕的事情吗？再说，君子活在世上，重要的是能约束自我，言行合乎礼数，能够济世救人有益社会。治理家庭的人希望一家和睦，治理国家的人希望一个国家兴旺，仆人、妾女、臣子、百姓，这些跟自身又有什么亲缘，要我们为他们操劳修德？这也是尧、舜、周公、孔子所说的，为了别人而让自己失去欢乐。一个人修习佛道，能救济多少黎民苍生？免除掉多少人的罪恶？一定要深思熟虑啊！你们如果关心世俗的生计问题，想要建立家室，舍不得抛妻弃子，就不能出家；但是可以兼顾修行守戒，潜心诵读佛经，作为来世能够超度的桥梁。人生在世难以重头来过，所以不要虚度光阴。

十七、书证

【题解】

人生在世要博览读书，少发议论。本篇是作者自己读经读史过程中所作的零星考证，强调读书的重要性。

【原文】

《诗》云：“参差荇菜。”《尔雅》云：“荇，接余也。”字或为莕。先儒解释皆云：“水草，圆叶细茎，随水浅深。今是水悉有之，黄花似莼，江南俗亦呼为猪莼，或呼为荇菜。”刘芳具有注释。而河北俗人多不识之，博士皆以参差者是苋菜，呼人苋为人荇，亦可笑之甚。

【译文】

《诗经》中有句话是“参差荇菜”，《尔雅》中解释道：“荇菜就是接余。”这个字还可以写成莕。过去的学者在解释这个字的时候都说：“它是一种水草，圆形叶子细细的茎秆，伴随着水的高度时浅时深。现在只要是有水的地方就都有这种植物，黄色的花朵跟莼菜很像，江南一带也将它称为猪莼，有的也叫荇菜。”刘芳也做过注释。但黄河以北的普通人大都不认识它，博学的人都把长短不一的这种菜叫作苋菜，把人苋叫作人荇，这也是非常可笑的一件事。

【原文】

《诗》云：“谁谓荼苦？”《尔雅》《毛诗传》并以

荼，苦菜也。又《礼》云："苦菜秀。"案：《易统通卦验玄图》曰："苦菜生于寒秋，更冬历春，得夏乃成。"今中原苦菜则如此也。一名游冬，叶似苦苣而细，摘断有白汁，花黄似菊。江南别有苦菜，叶似酸浆，其花或紫或白，子大如珠，熟时或赤或黑，此菜可以释劳。案：郭璞注《尔雅》，此乃蘵[①]黄蒢[②]也。今河北谓之龙葵。梁世讲《礼》者，以此当苦菜；既无宿根，至春方生耳，亦大误也。又高诱注《吕氏春秋》曰："荣而不实曰英。"苦菜当言英，益知非龙葵也。

【注释】

①蘵（zhī）：龙葵草。

②黄蒢（chú）：草名。

【译文】

《诗经》中有句话是"谁谓荼苦"，《尔雅》和《毛诗传》都将荼解释为苦菜。《礼记》中还说："苦菜开花但不结果。"根据考证，《易统通卦验玄图》上说："苦菜在寒冷的秋天生长，经过冬天和春天，直到夏天才长成。"现在中原地区的苦菜就是这样。它也叫作游冬，叶子跟苦苣很像但比苦苣叶要细一点，折断后有白色的汁液，黄色的花朵像菊花。江南一带还有一种苦菜，叶子像酸浆叶，花朵有紫的有白的，果实和珠子一样大，熟了之后有的红有的黑，这种菜有缓解疲劳的作用。根据考证，郭璞在为《尔雅》写注的时候说，这叫作蘵，就是黄蒢。现在黄河以北一带的人把它叫作龙葵。梁朝讲《礼记》的人把这种菜叫作苦菜；可没有生长多年的根，到春天才生长，这是一个重大的错误。高诱在为《吕氏春秋》作注解的时候说：“开花但不结果的叫作英。”苦菜应当被称作英菜，所以这就更能确定它不是龙葵了。

【原文】

《诗》云：“有杕[①]之杜[②]。”江南本并木傍施大，《传》曰：“杕，独貌也。”徐仙民音徒计反。《说文》曰：“杕，树貌也。”在木部。《韵集》音次第之第，而河北本皆为夷狄之狄，读亦如字，此大误也。

【注释】

①杕：孤立的树木。

②杜：野生的一种梨子。

【译文】

《诗经》中有句话是：“有杕之杜。”江南一带的版本中杕字都是木字旁加一个大，《毛诗传》当中写道：“杕，是孤独挺立的样子。”徐仙民在给它注音时标的是徒计反。《说文解字》中说：“杕是指树的样子。”属于“木”字部。《韵集》中给它注音为“次第”的“第”，但黄河以北一带的版本中都标为“夷狄”的“狄”，跟字一样的读音，这是一个很大的错误。

【原文】

《诗》云：“駉駉[①]牡马。”江南书皆作牝牡[②]之牡，河北本悉为放牧之牧。邺下博士见难云：“《駉颂》既美僖公牧于坰[③]野之事，何限騲騭[④]乎？”余答曰：“案：《毛传》云：‘駉駉，良马腹干肥张也。’其下又云：‘诸侯六闲四种：有良马，戎马，田马，驽马。’若作放牧之意，通于牝牡，则不容限在良马独得駉駉之称。良马，天子以驾玉辂[5]，诸侯以充朝聘郊祀，必无騲也。《周礼圉人职》：'良马，匹一人。驽马，丽一人。'圉人所养，亦非騲也；颂人举其强骏者言之，于义为得也。《易》曰：'良马逐逐[6]。'《左传》云：'以其良马二。'亦精骏之称，非通语也。今以《诗传》良马，通于牧騲，恐失毛生之意，且不见刘芳《义证》乎？"

【注释】

①駉（jiōng）駉：体态肥壮的马。

②牝（pìn）：鸟兽之中的雌性。牡：鸟兽之中的雄性。

③坰（jiōng）：郊外。

④騲（cǎo）：母马。騭（zhì）：公马。

⑤玉辂（lù）：用玉装饰的车，古代帝王专用。

⑥逐逐：快速奔跑的样子。

【译文】

《诗经》上有一句话："駉駉牡马。"江南一带的书中都写成牝牡的"牡"，黄河以北的版本都写成放牧的"牧"。邺下的博学之人责难说："《駉颂》既然赞美的是僖公在郊外放牧的事情，为什么要限定到底是母马还是公马呢？"我回答说："根据考证：《毛诗传》里面写道：'駉駉，指的是身材肥壮的好马。'接下来又说：'诸侯有六个马厩四种马：良马、戎马、田马、驽马。'要是解释为放牧的马，那就公马母马都可以，不必限定在只有良马才能用駉駉来指称。良马是天子用来拉车的马，是诸侯参与朝见天子、在郊外祭祀用的马，所以一定不是母马。《周礼·圉人职》里面说道：‘每匹良马都是一个人饲养。每两匹驽马归一个人饲养。’圉人养的马也不会是母马；歌颂马的作者用强健的骏马来举例，在意义上也是说得通的。《易经》当中有一句话：‘良马逐逐。’《左传》中解释为‘用他的两匹良马’，这说的也是马的强健，并不是适用于所有的马的通用语。现在把《毛诗传》中所说的良马等同于公马母马，或许违背了《毛诗传》作者的本意，难道没有看过刘芳写的《义证》吗？”

【原文】

《月令》云：“荔挺出。”郑玄注云：“荔挺，马薤也。”《说文》云：“荔，似蒲而小，根可为刷。”《广雅》云：“马薤，荔也。”《通俗文》亦云马蔺。《易统通卦验玄图》云：“荔挺不出，则国多火灾。”蔡邕《月令章句》云：“荔似挺。”高诱注《吕氏春秋》云：“荔草挺出也。”然则《月令注》荔挺为草名，误矣。河北平泽率生之。江东颇有此物，人或种于阶庭，但呼为旱蒲，故不识马薤[①]。讲《礼》者乃以为马苋；马苋堪食，亦名豚耳，俗名马齿。江陵尝有一僧，面形上广下狭；刘缓幼子民誉，年始数岁，俊晤善体物，见此僧云：“面似马苋。”其伯父绍因呼为荔挺法师。绍亲讲《礼》名儒，尚误如此。

【注释】

①马薤（xiè）：一种植物的名称。

【译文】

《月令》里面有一句话：“荔挺出。”郑玄备注说：

“荔挺，说的是马薤。”《说文解字》中说：“荔，像蒲草但是比蒲草小，根可以做刷子。”《广雅》说：“马薤就是荔。”《通俗文》中也说它是马蔺。《易统通卦验玄图》里面说：“如果荔不能直立生长出来，国家就会多发火灾。”蔡邕在《月令章句》里面说：“荔似挺。”高诱在《吕氏春秋》中备注说：“荔草是直立生长的。”但《月令注》中把荔挺当作一种草的名字，这是错误的。黄河以北的湖沼中到处长着这种东西，江东地区这种东西也很多，有的人把它种在庭院的台阶上，但把它叫作“旱蒲”，所以说他们不认识马薤。讲授《礼记》的人认为它就是马苋；马苋是能吃的，也叫作豚耳，俗称马齿。过去江陵有个僧人，面部形状上面宽下面窄；刘缓的幼子刘民誉才几岁的时候，就聪明伶俐善于观察事物，看到这个僧人就说：“他的脸像马苋一样。”他的伯父刘绍因此称呼这个僧人为“荔挺法师”。刘绍是亲自讲授《礼记》的名师，竟然也会犯这样的错误。

【原文】

《诗》云：“将其来施施。”《毛传》云：“施施，难进之意。”郑《笺》云：“施施，舒行貌也。”《韩诗》亦重为①施施。河北《毛诗》皆云施施。江南旧本，悉单为施，俗遂是之，恐为少误。

【注释】

①重为：指文中两个施字连用的情况。

【译文】

《诗经》里面有一句话：“将其来施施。”《毛诗传》中说："施施，是难以前进的意思。"郑玄的《毛诗传笺》中说："施施，是舒缓前进的样子。"《韩诗》当中也是"施施"两个字叠用。黄河以北的《毛诗传》也都写成了"施施"。江南一带的老旧版本，都只单单写了一个"施"字，大家也都认为就是这样，这里面恐怕有少许的错误。

【原文】

《诗》云："有渰①萋萋，兴云祁祁。"《毛传》云："渰，阴云貌。萋萋，云行貌。祁祁，徐貌也。"《笺》云："古者，阴阳和，风雨时，其来祁祁然，不暴疾也。"案：渰已是阴云，何劳复云"兴云祁祁"耶？"云"当为"雨"，俗写误耳。班固《灵台》诗云："三光宣精，五行布序，习习祥风，祁祁甘雨。"此其证也。

【注释】

①渰（yǎn）：乌云。

【译文】

《诗经》里面有一句话："有渰萋萋，兴云祁祁。"《毛诗传》中说："渰，是乌云的样子。萋萋，是云朵流动的样子。祁祁，是徐缓的样子。"《毛诗传笺》中说："古时候，阴阳调和，刮风下雨时，都是非常和缓的，不会很猛很快。"根据考证：渰已经是乌云的意思，为什么还要再说"兴云祁祁"呢？"云"应当写为"雨"，一般人写错了。班固的《灵台》诗中有一句："三光宣精，五行布序，习习祥风，祁祁甘雨。"这就是证据。

【原文】

《礼》云："定犹豫，决嫌疑。"《离骚》曰："心犹豫而狐疑。"先儒未有释者。案：《尸子》曰："五尺犬为犹。"《说文》云："陇西谓犬子[1]为犹。"吾以为人将犬行，犬好豫在人前，待人不得，又来迎候，如此返往，至于终日，斯乃豫[2]之所以为未定也，故称犹豫。或以《尔雅》曰："犹如麂，善登木。"犹，兽名也，既闻人声，乃豫缘木，如此上下，故称犹豫。狐之为兽，又多猜疑，故听河冰无流水声，然后敢渡。今俗云："狐疑，虎卜。"则其义也。

【注释】

①犬子：这里指幼犬。

②豫：预先，事先。

【译文】

《礼记》里面有一句话："定犹豫，决嫌疑。"《离骚》里面有一句："心犹豫而狐疑。"过去的学者都没有对它进行解释。根据考证：《尸子》里面说："身长五尺的狗叫作犹。"《说文解字》中说："陇西地区将年幼的狗叫作犹。"我认为人带着狗出行，狗喜欢先跑到人的前面，等到人追不上的时候，又跑回来迎接等候，这样成天来回往返，最后就用豫来表示不确定的意思了，所以有了"犹豫"的叫法。有的人认为《尔雅》中说："犹像麂子，善于爬树。"犹是一种野兽的名称，听到人的声音就会提前爬上树，这样上上下下，所以有了"犹豫"的说法。狐狸作为一种野兽，生性多疑，所以在过河的时候要听到结冰的水上没有流水的声音之后才敢过河。现在还有俗语说："狐疑爱多疑，老虎会占卜。"说的就是这个意思。

【原文】

《左传》曰："齐侯痎[①]，遂痁[②]。"《说文》云："痎，二日一发之疟。痁，有热疟也。"案：齐侯之病，本是间日一发，渐加重乎故，为诸侯忧也。今北方犹呼痎疟，音皆。而世间传本多以痎为疥，杜征南亦无解释，徐仙民音介，俗儒就为通云："病疥，令人恶寒，变而成疟。"此臆说也。疥癣小疾，何足可论，宁有患疥转作疟乎？

【注释】

①痎（jiē）：一种疟疾，常隔日发作。

②痁（shān）：一种疟疾，常伴随发热。

【译文】

《左传》中有一句话："齐侯痎，遂痁。"《说文解字》中说："痎，是两天发一次的疟疾。痁，是伴随发热的疟疾。"根据考证：齐侯的病原本是隔一天发一次，由于逐渐加重，才被诸侯担心。现在北方地区仍旧说痎疟，用"皆"的音。但在世间流传的版本大都把"痎"当成"疥"，杜预也没有给出相应的解释，徐仙民给它注了"介"的音，一般的学者就认为二者相通，说："得了疥这种病，人会畏寒，转变就成了疟。"这是臆断的说法。疥癣小疾这种小病，哪里值得去说，哪有得了疥这种皮肤病而转变成为疟疾的呢？

【原文】

《尚书》曰："惟影响。"《周礼》云："土圭测影，影朝影夕。"《孟子》曰："图影失形。"《庄子》云："罔两[①]问影。"如此等字，皆当为光景之景。凡阴景者，因光而生，故即谓为景。《淮南子》呼为景柱，《广雅》云："晷柱挂景。"并是也。至晋世葛洪《字苑》，傍始加彡[②]，音于景反。而世间辄改治《尚书》《周礼》《庄》《孟》从葛洪字，甚为失矣。

【注释】

①罔两：指影子边缘淡淡的阴影。

②彡（shān）：偏旁。

【译文】

《尚书》中有一句话："惟影响。"《周礼》中有一句话："土圭测影，影朝影夕。"《孟子》中有一句话："图影失形。"庄子中有一句话："罔两问影。"这些句子之中的"影"字，都应该写成"光景"的"景"。但凡是阴影，都因为光照而产生，所以就叫作"景"。《淮南子》中有"景柱"，《广雅》之中有"晷柱挂景"，说的都是这个事。到晋朝葛洪写的《字苑》当中，才在"景"字旁边加了"彡"，读音为于景反。世上的人就自作主张地把《尚书》《周礼》《庄子》《孟子》中的景改成了葛洪说的"影"，这是极大的错误啊。

【原文】

太公《六韬》，有天陈、地陈、人陈、云鸟之陈[①]。《论语》曰："卫灵公问陈于孔子。"《左传》："为鱼丽之陈。”俗本多作阜傍车乘之车。案：诸陈队，并作陈、郑之陈。夫行陈之义，取于陈列耳，此六书为假借也，《苍》《雅》及近世字书，皆无别字；唯王羲之《小学章》，独阜傍作车，纵复俗行，不宜追改《六韬》《论语》《左传》也。

【注释】

①陈：通“阵”，军阵。

【译文】

太公写的《六韬》中，有天阵、地阵、人阵、云鸟阵。《论语》中有一句：“卫灵公问陈于孔子。”《左传》中有一句：“为鱼丽之陈。”通俗的版本中大多把“陈”写成“阜”字旁加上一个“车乘”的“车”字。根据考证：用来表示各种军阵队伍的“陈”都写作“陈、郑”的“陈”。行“陈”的意义，取的是“陈列”的义项，写成“阵”，是六书之中假借的造字法，《苍颉》《尔雅》和近代的书里面都没有写成其他的别字；唯独王羲之的《小学章》中，把“陈”写成了“阜”字旁加上一个“车”字，就算这种写法从此开始在世间通行，也不应当回过头去修改《六韬》《论语》《左传》。

【原文】

《诗》云：“黄鸟于飞，集于灌木。”《传》云：“灌木，丛木也。”此乃《尔雅》之文，故李巡注曰：“木丛生曰灌。”《尔雅》末章又云：“木族生为灌。”族亦丛聚也。所以江南《诗》古本皆为丛聚之丛，而古丛字似冣[①]字，近世儒生，因改为冣，解云：“木之最高长

者。”案：众家《尔雅》及解《诗》无言此者，唯周续之《毛诗注》，音为徂会反，刘昌宗《诗注》，音为在公反，又祖会反：皆为穿凿，失尔《雅训》也。

【注释】

①冣（zuì）：“最”的古用字。

【译文】

《诗经》中有一句话：“黄鸟于飞，集于灌木。”《毛诗传》中说：“灌木就是丛生的树木。”这是《尔雅》当中的话，所以李巡注解说：“树木丛生就叫灌。”《尔雅》最后又说：“树木挤在一块儿生长叫作灌。”族就是丛聚的意思。所以江南地区古老版本的《诗经》都写的是“丛聚”的“丛”，但是古代的“丛”字像“冣”字，所以近代的学者把它改成了“冣”，并解释为：“树木当中最为高大的。”根据考证：各家的《尔雅》和各种解读《诗经》的版本都没有这种说法，唯独周续之的《毛诗注》当中将它注音成“徂会反”，刘昌宗的《诗注》中注音成“在公反”，也作“祖会反”：这些都是牵强附会的说法，与《尔雅》的注音不符。

【原文】

“也”是语已及助句之辞，文籍备有之矣。河北经传，悉略此字，其间字有不可得无者，至如“伯也执殳[①]”，“于旅也语”，“回也屡空”，“风，风也，教也”，及《诗传》云：“不戢[②]，戢也；不傩[③]，傩也。”“不多，多也。”如斯之类，傥削此文，颇成废阙。《诗》言：“青青子衿。”《传》曰：“青衿，青领也，学子之服。”按：古者，斜领下连于衿，故谓领为衿。孙炎、郭璞注《尔雅》，曹大家[4]注《列女传》，并云：“衿，交领也。”邺下《诗》本，既无“也”字，群儒因谬说云：“青衿、青领，是衣两处之名，皆以青为饰。”用释“青青”二字，其失大矣！又有俗学，闻经传中时须也字，辄以意加之，每不得所，益成可笑。

【注释】

①殳（shū）：古代的一种兵器。

②戢（jí）：约束。

③傩（nuó）：难。

④大家（gū）：大姑。

【译文】

“也”字是语气词和语句之中的助词，文章典籍之中都会用到它。黄河以北的经传作品都省略了这个字，其中有些地方不能没有“也”字，比如说“伯也执殳”，“于旅也语”，“回也屡空”，“风，风也，教也”，以及《毛诗传》当中说的：“不戢，戢也；不傩，傩也。”“不多，多也。”诸如此类，假如把这个字删去，句子就很可能缺废了。《诗经》中有一句话：“青青子衿。”《毛诗传》说：“青衿，就是青色的领子，是学子穿的衣服。”根据考证：古时候，领子斜着往下和衣襟相连，所以把领也叫作“衿”。孙炎、郭璞注解的《尔雅》，曹大家注解的《列女传》中都说：“衿，就是交领。”邺下的《诗经》抄本都没有“也”字，许多学者因此而错误地解说：“青衿、青领，是衣服上的两个地方，都用青色来装饰。”以此来解释“青青”两个字，这确实是一个很大的失误！也有一些平凡的学者，听说经书传记里常常要用到“也”字，所以就随意增加，常常加的地方不对，这更加可笑。

【原文】

《易》有蜀才注，江南学士，遂不知是何人。王俭《四部目录》，不言姓名，题云：“王弼后人。”谢炅、夏侯该，并读数千卷书，皆疑是谯周；而《李蜀书》一名《汉之书》，云：“姓范名长生，自称蜀才。”南方以晋家渡江后，北间传记，皆名为伪书，不贵省读①，故不见也。

【注释】

①省读：阅读。

【译文】

《易经》之中有的注本署名为蜀才，江南一带的学者都不知道这究竟是谁。王俭的《四部目录》上没有说姓名，只是题字说：“王弼的后代。”谢炅、夏侯该都是读了千卷书的人，他们都怀疑蜀才是谯周；但《李蜀书》，也叫作《汉之书》，里面说：“姓范名叫长生，自己称自己为蜀才。”南方地区自从晋朝渡江之后，把北方民间的传记文章都视为“伪书”，不重视阅读这些“伪书”，所以就不知道蜀才是谁。

十八、音辞

【题解】

方言差异自古有之。作者在本篇之中主要强调了和语言、音韵有关的内容。

【原文】

夫九州之人，言语不同，生民已来，固常然矣。自《春秋》标齐言之传，《离骚》目《楚词》之经，此盖其较明之初也。后有扬雄着《方言》，其言大备。然皆考名物[①]之同异，不显声读之是非也。逮郑玄注《六经》，高诱解《吕览》《淮南》，许慎造《说文》，刘熹制《释名》，始有譬况[②]假借以证音字耳。而古语与今殊别，其间轻重清浊，犹未可晓；加以内言外言、急言徐言、读若之类，益使人疑。孙叔言创《尔雅音义》，是汉末人独知反语。至于魏世，此事大行。高贵乡公不解反语，以为怪异。自兹厥后，音韵锋出，各有土风[③]，递相非笑，指马之谕，未知孰是。共以帝王都邑，参校方俗，考核古今，为之折衷。搉而量之，独金陵与洛下耳。南方水土和柔，其音清举而切诣[④]，失在浮浅，其辞多鄙俗。北方山川深厚，其音沈浊而铫钝，得其质直，其辞多古语。然冠冕君子，南方为优；闾里小人，北方为愈。易服而与之谈，南方士庶，数言可辩；隔垣而听其语，北方朝野，终日难分。而南染吴、越，北杂夷虏，皆有深弊，不可具论。其谬失轻微者，则南人以钱为涎，以石为射，以贱为羡，以是为舐；北人以庶为戍，以如为儒，以紫为姊，以洽为狎。如此之例，两失甚多。至邺已来，唯见崔子约、崔瞻叔侄，李祖仁、李蔚兄弟，颇事言词，少为切正。李季节著《音韵决疑》，时有错失；阳休之造《切韵》，殊为疏野。吾家儿女，虽在孩稚，便渐督正之；一言讹替，以为己罪矣。云为品物，未考书记者，不敢辄名，汝曹所知也。

【注释】

①名物：指事物名称、特征。

②譬况：一种古代的注音方法，以音相近的字来注音。

③土风：方言、土音。

④切诣：形容发音迅急。

【译文】

九州的百姓说话各不相同，从有人开始就一直是这样了。自从《春秋》有了齐国方言的传本之后，《离骚》就被视为楚国方言的经典，这大概就是人们开始明白方言之间有差异的开始。后来扬雄写了一本《方言》，里面的《方言》比较完备。但大都为考察事物名称的相同相异，没有表现出读音的对错。到了郑玄为《六经》作注解，高诱解读《吕氏春秋》和《淮南子》，许慎写《说文解字》，刘熹编制《释名》的时候，才开始用譬况、假借的方法来为文字正音。但是古语和现在的语言有很大差别，发音的轻重、清浊还是不清楚；加上用内言外言、急言徐言、读若这一类的方法，更加让人疑惑。孙叔言创作了《尔雅音义》，他是汉朝末年唯一一个知道反切注音法的人。到了魏国时期，这种方法大行于世。高贵乡公不懂反切注音的方法，被他人视作是怪异的事情。从此以后，注音一类的书争相出现，因记录各自的方言土音，互相指责讥笑，彼此争辩，不知道哪种说法才是正确的。后来都用帝王所在都城的话音来参校各地的方言俗语，考证古音和现在的读音，最终来调和纷争。商榷考量之后，发现只有金陵和洛下的方言能够代表南北语音。南方水土柔和，声音清扬高亮但急切，不足之处在于发音浮浅，用词大都较为粗俗。北方山高水深，声音沉着浑厚，优势是质朴平实，保留了较多的古代词语。士大夫的说话水平，南方要更优一些，坊间百姓的说话水平，北方要更强一些。换了衣服之后再交谈，南方的士大夫和百姓，只要聊上几句就能分辨出来；隔着矮墙听别人说话，北方的朝中人士和乡野村民，听一整天也难以区分开。南方语言沾染了吴语、越语的习气，北方语言夹杂了蛮夷外族的语言，都有较多的弊病，不能一概而论。有些是轻微的错误，比如南方人把“钱”读成“涎”，把“石”读成“射”，把“贱”读成“羡”，把“是”读成“舐”；北人把“庶”读成“戍”，把“如”读成“儒”，把“紫”读成“姊”，把“洽”读成“狎”。类似这些的例子，南方北方都有较多的错误。我到邺城以来，唯独见过崔子约、崔瞻叔侄，李祖仁、李蔚兄弟对语言颇有研究，可以互相切磋补正。李季节写了《音韵决疑》，里面常常有不恰当的地方。阳休之写了《切韵》，但写得非常粗陋。我家里的儿女，虽然还是孩子，但也要逐渐督促他们纠正发音；一个字说得不对，我都认为这是我的罪过。在说物品时，没有在书中考究过的，我就不会擅自命名，你们也知道这一点的。

【原文】

古今言语，时俗不同；著述之人，楚、夏各异。《苍颉训诂》，反稗为逋卖，反娃为于乖；战国策音刎为免，《穆天子传》音谏为间；《说文》音戛为棘，读皿为猛；《字林》音看为口甘反，音伸为辛；《韵集》以成、仍、宏、登合成两韵，为、奇、益、石分作四章；李登《声类》以系音羿，刘昌宗《周官音》读乘若承；此例甚广，必须考校。前世反语，又多不切，徐仙民《毛诗音》反骤为在遘，《左传音》切椽为徒缘，不可依信，亦为众矣。今之学士，语亦不正；古独何人，必应随其讹僻①乎？《通俗文》曰："入室求曰搜。"反为兄侯。然则兄当音所荣反。今北俗通行此音，亦古语之不可用者。玙璠②，鲁人宝玉，当音余烦，江南皆音藩屏之藩。岐山当音为奇，江南皆呼为神祇之祇。江陵陷没，此音被于关中，不知二者何所承案。以吾浅学，未之前闻也。

【注释】

①讹僻：错误、讹误。

②玙璠（yú fán）：美玉。

【译文】

古代、现代的语言，因为时代和风俗而不相同；写文章的人，楚国夏国也各有差异。《苍颉训诂》里面，"稗"是"逋卖反"，"娃"是"于乖反"；《战国策》

给“刎”注音为“免”，《穆天子传》给“谏”注音为“间”；《说文解字》给“戛”注音为“棘”，把“皿”读为“猛”；《字林》中“看”是“口甘反”，给“伸”注音为“辛”；《韵集》中把成、仍、宏、登合并成两个韵部，把为、奇、益、石分到四个韵部；李登写的《声类》用“系”给“羿”注音，刘昌宗的《周官音》读“乘”像读“承”；这一类的例子很多，必须加以考证校对。以前的反切注音中有很多是不贴切的，徐仙民的《毛诗音》中把“骤”注音为“在遘反”，《左传音》中把“椽”注音为“徒缘切”，这种不可相信的例子也是非常多的。现在的学者也有注音不正的；古人是什么人，必须应当跟随他们的错误吗？《通俗文》里面说“进入房间寻求东西叫作搜”，并且把音注成“兄侯反”，这样一来兄就应该注成“所荣反”。现在北方的民间通用这种读音，这也是不能沿用古语的例子。玙璠是鲁国产的宝玉，注音为“余烦”，江南一带的人都把它的读音读成“藩屏”的“藩”。“岐山”的“岐”应当注音为“奇”，江南一带的人都把它读成“神祇”的“祇”。江陵被攻陷之后，这两种读音在关中地区流传，不知道这两者是依从了什么关系。因为我学识浅薄，以前从来没有听说过。

【原文】

北人之音，多以举、莒为矩；唯李季节云：“齐桓公与管仲于台上谋伐莒，东郭牙望见桓公口开而不闭，故知所言者莒也。然则莒、矩必不同呼。”此为知音①矣。

【注释】

①知音：懂音韵的人。

【译文】

北方人的口音中，多把“举”“莒”念成“矩”；唯有李季节说：“齐桓公和管仲在台上商讨讨伐莒国的事情，东郭牙远远地望见齐桓公嘴巴张开并且没有闭上，所以知道他们谈论的是莒国。这样一来，莒、矩两个字的呼音必定不同。”这就是懂音韵的人。

【原文】

夫物体自有精粗，精粗谓之好恶；人心有所去取，去取谓之好恶。此音见于葛洪、徐邈。而河北学士读《尚书》云好生恶杀。是为一论物体，一就人情，殊不通矣。

【译文】

事物本身有精品和粗品之分，精品或粗品就称作好恶；人心对事物有舍弃和保留，舍弃或保留就称作好恶。后一种“好恶”的读音参见葛洪、徐邈的著作。但黄河以北的读书人在读《尚书》中的“好（hào）生恶（wù）杀”时读成了“好（hǎo）生恶（è）杀”。一种读音说的是物体本身，另一种说的是人的情感，二者之间确实不能相通。

【原文】

甫者，男子之美称，古书多假借为父字；北人遂无一人呼为甫者，亦所未喻。唯管仲、范增之号，须依字读耳。

【译文】

“甫”是男人的美称，古代的书中多假借为“父”

字；北方人竟然没有一个人把它读作“甫”的，也不知道二者之间的关系。唯有管仲、范增二人的名号需要按照“父”字来读。

【原文】

案：诸字书，焉者鸟名，或云语词[1]，皆音于愆反。自葛洪《要用字苑》分焉字音训：若训何训安，当音于愆反，“于焉逍遥”“于焉嘉客”“焉用佞”“焉得仁”之类是也；若送句及助词，当音矣愆反，“故称龙焉”“故称血焉”“有民人焉”“有社稷焉”“托始焉尔”“晋、郑焉依”之类是也。江南至今行此分别，昭然易晓；而河北混同一音，虽依古读，不可行于今也。

【注释】

①语词：指文言虚词，一般写作“语辞”。

【译文】

根据考证：诸多字书都认为“焉”是鸟的名字，也有的人说是虚词，都注音为“于愆反”。从葛洪的《要用字苑》开始，才将焉的注音和意义进行区分：如果训诂成“何”或者“安”，就当注音成“于愆反”，“于焉逍遥”“于焉嘉客”“焉用佞”“焉得仁”这一类的句子就是这样；如果是用在句末当助词，就当注音成“矣愆反”，“故称龙焉”“故称血焉”“有民人焉”“有社稷焉”“托始焉尔”“晋、郑焉依”这一类句子就是这样。江南地区至今仍通行这种分别，意思明显很好理解；但黄河以北的人把这两种读音混为一个音，虽说是依照古代的读法，但不能在当今通行。

十九、杂艺

【题解】

书法、绘画等技艺可以修身养性，对陶冶性情、丰富生活有着重要的作用。作者在本篇中强调了适当学习这些辅助技艺的重要性。

【原文】

真草①书迹，微须留意。江南谚云："尺牍书疏，千里面目也。"承晋、宋余俗，相与事之，故无顿狼狈者。吾幼承门业，加性爱重，所见法书亦多，而玩习功夫颇至，遂不能佳者，良由无分②故也。然而此艺不须过精。夫巧者劳而智者忧，常为人所役使，更觉为累；韦仲将遗戒，深有以也。

【注释】

①真草：书法字体名称，即真书和草书。

②无分：指没有天分。

【译文】

对真书、草书等书法技艺还是要稍稍加以留意的。江南一带的谚语说："一尺书信，就是摆在千里之外的脸面。"现在的人继承了晋、宋以来的风俗，争相学习书法，所以在匆忙中弄得很狼狈的人。我年幼的时候就继承了家门的学业，加上生性爱好书法，所见过的学习书法的帖子也非常多，在玩味学习上也花了不少功夫，但最终没有达到很高的水平，很可能是没有天分的缘故。然而这门技艺没必要学得太精。巧者多劳智者多忧，如果常常因此被人劳役驱使，更加会觉得这是一种累赘。魏代书法家韦仲留下了“不要学书法”的训诫，是有很深的道理的。

【原文】

王逸少[①]风流才士，萧散名人，举世惟知其书，翻以能自蔽也。萧子云每叹曰：“吾著《齐书》，勒成一典，文章弘义[②]，自谓可观；唯以笔迹得名，亦异事也。”王褒地胄清华，才学优敏，后虽入关，亦被礼遇。犹以书工，崎岖碑碣之间，辛苦笔砚之役，尝悔恨曰：“假使吾不知书，可不至今日邪？”以此观之，慎勿以书自命。虽然，厮猥[③]之人，以能书拔擢[④]者多矣。故道不同不相为谋也。

【注释】

①王逸少：指王羲之。

②弘义：弘扬大义。

③厮猥：地位卑微。

④拔擢：提拔，选拔。

【译文】

王羲之是一位风流才子，潇洒不羁的名人，全世界的人都只知道他的书法，反而把其他方面的才能都遮蔽了。萧子云常常感叹说：“我编写的《齐书》，被编纂成了一部典籍，里面的文章弘扬大义，我自己觉得可以看一看；最后却只因为抄写的笔法字迹而得名，这也是一件怪事。”王褒出身于高贵门第，才华横溢文思敏捷，虽然后来入关，但也受到了重用。因为特别擅长书法，经常在崎岖地带的碑碣间出入，陷入了笔砚的辛苦劳役之中，他曾经后悔着说：“要是我不懂书法，也就不会到今天这个地步吧？”由此看来，千万不要把写书法当作自己的使命。话虽如此，地位低下的人，也有很多人因为书法写得好而被提拔。所以说：道业不同的人是不能互相谋划的。

【原文】

梁氏秘阁[①]散逸以来，吾见二王真草多矣，家中尝得十卷；方知陶隐居、阮交州、萧祭酒诸书，莫不得羲之之体，故是书之渊源。萧晚节所变，乃右军年少时法也。

【注释】

①秘阁：宫中藏匿图书秘籍的地方。

【译文】

梁武帝秘阁中珍藏书画散佚之后，我见到了王羲之、王献之的诸多真书、草书作品，家里也曾经得到了十卷。看了之后才知道陶隐居、阮交州、萧祭酒等人的书法，没有一个不是学王羲之的字体，所以王羲之的书法应该是书法的渊源。萧祭酒晚年时候的字体有所改变，是因为学了王羲之年少时的书法。

【原文】

晋、宋以来，多能书者。故其时俗，递相染尚，所有部帙[①]，楷正可观，不无俗字，非为大损。至梁天监之间，斯风未变；大同之末，讹替滋生。萧子云改易字体，邵陵王颇行伪字；朝野翕然[②]，以为楷式[③]，画虎不成，多所伤败。至为一字，唯见数点，或妄斟酌，逐便转移。尔后坟籍，略不可看。北朝丧乱之余，书迹鄙陋，加以专辄造字，猥拙甚于江南。乃以百念为忧，言反为变，不用为罢，追来为归，更生为苏，先人为老，如此非一，遍满经传。唯有姚元标工于楷隶，留心小学，后生师之者众。洎[④]于齐末，秘书缮写，贤于往日多矣。

【注释】

①部帙（zhì）：书籍。

②翕然：统一、一致的样子。

③楷式：楷模样式，可以理解为典范、样板。

④洎（jì）：到。

【译文】

晋、宋以来，很多人会写书法。因此写书法成了当时的风俗，在人们中互相影响，所有书籍文献都抄写得非常漂亮，偶尔个别俗体字，不会造成多大的损害。直到梁武帝天监年间，这种风气也未曾改变，到了大同末年，错别字开始滋生。萧子云改变字的形体，邵陵王大力推行不规范文字；朝野上下大致相同，并把它当作一种样板，结果画虎不成反类犬，造成了诸多损害。甚至有些字，能够看到的只有几个点，有的则胡乱思考，把字的结构随意转移。自此以后的书籍，几乎不能观看。北朝经历了长期的战乱之后，书写的字迹鄙陋不堪，加上擅自造字，结果比江南一带还要拙劣。以至于把“百”“念”合起来成为“忧”字，“言”“反”合起来成为“变”字，“不”“用”合起来变为“罢”字，“追”“来”合起来变为“归”字，“更”“生”合起来变为“苏”字，

“先”“人”合起来变为“老”字。这种情况不是单一的，在经书传记之中到处可见。只有姚元标擅长于楷书、隶书，潜心研究训诂的学问，后生们跟从他学习的人很多。到了北齐末年，掌管典籍的官吏所誊写的字体，就比以前的时候强多了。

【原文】

江南闾里间有《画书赋》，乃陶隐居弟子杜道士所为；其人未甚识字，轻为轨则，托名贵师，世俗传信，后生颇为所误也。

【译文】

江南一带民间流传着《画书赋》一书，是陶隐居的弟子杜道士所撰写的。这个人不怎么识字，轻率地制定字体的法则，并假托名师，世人纷传且信以为真，很多年轻学子都被误导了。

【原文】

画绘之工，亦为妙矣；自古名士，多或能之。吾家尝有梁元帝手画蝉雀白团扇及马图，亦难及也。武烈太子偏能写真，坐上宾客，随宜点染，即成数人，以问童孺，皆知姓名矣。萧贲、刘孝先、刘灵，并文学已外，复佳此法。玩阅古今，特可宝爱。若官未通显，每被公私使令，亦为猥役。吴县顾士端出身湘东王国侍郎，后为镇南府刑狱参军，有子曰庭，西朝中书舍人，父子并有琴书之艺，尤妙丹青，常被元帝所使，每怀羞恨。彭城刘岳，橐之子也，仕为骠骑府管记、平氏县令，才学快士，而画绝伦。后随武陵王入蜀，下牢之败，遂为陆护军画支江寺壁，与诸工巧[1]杂处。向使三贤都不晓画，直运素业，岂见此耻乎？

【注释】

①工巧：工匠。

【译文】

擅长绘画也是一件妙事，自古以来的名流人士，大多擅长绘画。我家里曾经保存有梁元帝亲手画的蝉雀白团扇和马图，他的绘画水平也是一般人无法企及的。武烈太子擅长画人物肖像，在座的宾客，只要随意点染几笔，就能画几个人的样子，用画像去问小孩，孩子都知道他们的姓名。萧贲、刘孝先、刘灵除了精通文学之外，也擅长绘画。赏玩品鉴古今名画，确实让人爱不释手。要是官位还没有通达显赫，懂绘画的人就常常会因公因私被差遣命令，绘画也就成了一件下贱的差事。吴县顾士端身为湘东王国的侍郎，后来担任镇南府刑狱参军，他有个儿子叫顾庭，给梁元帝当中书舍人，父子二人都通晓弹琴和书法的技艺，其中绘画尤其精妙，常常被梁元帝使唤，经常心生羞愧悔恨。彭城的刘岳是刘橐的儿子，担任过骠骑府管记、平氏县令，是一个才学渊博的人士，绘画尤其精彩绝伦。后来跟随武陵王到了蜀国，在下牢关战败之后，就被陆护军派到支江的寺院里去画壁画，跟诸多工匠杂居在一块儿。要是这三位贤能的人都不通晓绘画，一直从事自己生平的事业，又怎么会遭遇这般耻辱呢？

【原文】

弧矢之利，以威天下，先王所以观德择贤，亦济身之急务也。江南谓世之常射，以为兵射，冠冕儒生，多不习此；别有博射，弱弓长箭，施于准的，揖让升降，以行礼焉。防御寇难，了无所益。乱离之后，此术遂亡。河北文士，率晓兵射，非直葛洪一箭，已解追兵，三九燕集，常縻[①]荣赐。虽然要[②]轻禽，截狡兽，不愿汝辈为之。

【注释】

①縻（mí）：获得。

②要：通“邀”，截击。

【译文】

弓箭的锋利，足以威震天下，古代的帝王用射箭来观察臣子的德行并以此选择贤士，这也是保全自身的紧要事务。江南一带的人把世上常见的射箭认为是“兵射”，所以儒雅的书生大都不愿意练习此道；另外还有一种射箭叫“博射”，弓的力量很弱但箭身较长，设有箭靶。宾主相见的时候要相互作揖礼让进退，以此行射礼。这种射箭对于防御敌寇没有一点儿益处。经过战乱，这种“博射”就消亡了。黄河以北一带的文人，大多数都通晓“兵射”，并不仅仅只有葛洪能用一箭追杀贼寇，三公九卿在宴请集会的时候时常因为射箭而获得赏赐。尽管这样，用射箭去猎获飞禽走兽这种事情，我还是不愿意你们去做的。

二十、终制

【题解】

本篇为《颜氏家训》最后一篇，相当于年迈的作者为子女立下的遗嘱，强调子孙后代要注重扬名立万，不要恪守守灵之道而耽误未来。

【原文】

死者，人之常分，不可免也。吾年十九，值梁家丧乱，其间与白刃为伍者，亦常数辈；幸承余福，得至于今。古人云："五十不为夭。"吾已六十余，故心坦然，不以残年为念。先有风气①之疾，常疑奄然，聊书素怀，以为汝诫。

【注释】

①风气：一种风湿病。

【译文】

死是人一生中注定的事情，无法避免。我十九岁那年，正好碰上梁朝覆灭，在那期间与刀刃相伴都有好几次；幸好承蒙我祖辈的福气，才能活到今天。古人说："五十岁去世就不算夭折。"我已经六十多岁了，所以能够内心坦然地迎接死亡，不因为残留的岁月不多而挂念。我曾经得过风气病，经常怀疑自己会奄奄一息地死去，所以把生平心中的想法都写了下来，作为对你们的劝诫。

【原文】

先君先夫人皆未还建邺旧山[①]，旅葬江陵东郭。承圣末，已启求扬都，欲营迁厝[②]。蒙诏赐银百两，已于扬州小郊北地烧砖，便值本朝沦没，流离如此，数十年间，绝于还望。今虽混一，家道罄穷，何由办此奉营资费？且扬都污毁，无复孑遗，还被下湿，未为得计。自咎自责，贯心刻髓。计吾兄弟，不当仕进；但以门衰，骨肉单弱，五服[③]之内，傍无一人，播越他乡，无复资荫；使汝等沈沦厮役，以为先世之耻；故靦[④]冒人间，不敢坠失。兼以北方政教严切，全无隐退者故也。

【注释】

①旧山：这里指祖坟。

②迁厝（cuò）：迁移安葬。

③五服：指服丧的时候用来区别亲戚关系近疏的五种丧服，这里用来代指各种亲属。

④靦（tiǎn）：厚着脸皮。

【译文】

我过世的父亲母亲都没有葬在建邺的祖坟，因为客死他乡就安葬在了江陵的东城。承圣末年，我已经要求回到扬州，打算将父母迁回老家安葬。承蒙圣上赏赐了百两白银，我已经在扬州北边的近郊烧砖，没想到梁朝此时灭亡，我离乡流浪到这里，几十年的时间让我打消了回去的念头。如今天下虽然已经统一，但因为家中贫穷，哪还有什么门路来筹集迁坟安葬的费用？何况扬州的都城已被损毁，没留下什么东西，将父母迁葬在这种低洼潮湿的地方，也不是一个好的方法。我非常责怪自己，这种感觉刻骨铭心。考虑到我们兄弟几个本不应当去为官；然而家门衰败，兄弟力量淡薄，亲戚之中也没有一个人可以依靠，流亡外地，再也无法得到祖辈的荫庇；如果让你们沉沦到去当奴役，这会被当作是祖先的耻辱；所以我才厚着脸皮在世间混迹，不敢有任何差池。这其中也有北方政纪严明，不允许为官者归隐的原因。

【原文】

今年老疾侵，傥然奄忽，岂求备礼乎？一日放臂[①]，沐浴而已，不劳复魄，殓以常衣。先夫人弃背之时，属世荒馑，家涂空迫，兄弟幼弱，棺器率薄，藏内无砖。吾当松棺二寸，衣帽已外，一不得自随，床上唯施七星板；至如蜡弩牙、玉豚、锡人之属，并须停省，粮罂[②]明器，故不得营，碑志旒旐[③]，弥在言外。载以鳖甲车[④]，衬土而下，平地无坟；若惧拜扫不知兆域[⑤]，当筑一堵低墙于左右前后，随为私记耳。灵筵勿设枕几，朔望祥禫[⑥]，唯下白粥清水干枣，不得有酒肉饼果之祭。亲友来餟酹[⑦]者，一皆拒之。汝曹若违吾心，有加先妣，则陷父不孝，在汝安乎？其内典功德，随力所至，勿刳[⑧]竭生资，使冻馁也。四时祭祀，周、孔所教，欲人勿死其亲，不忘孝道也。求诸内典，则无益焉。杀生为之，翻增罪累。若报罔极之德，霜露之悲，有时斋供，及七月半盂兰盆，望于汝也。

【注释】

①放臂：垂下手臂，指人已经死了。

②粮罂：古代用的一种冥器，墓葬时用来装粮食。

③旒旐（liú zhào）：指插在墓地的旗子。

④鳖甲车：灵车。

⑤兆域：墓地周边的土地，也属于墓地的范围。

⑥祥禫（dàn）：丧祭用语。《礼记》中认为：“期之丧，十一月而练，十三月而祥，十五月而禫。”

⑦啜（chuò）：吃、喝。酹（lèi）：洒酒祭奠。

⑧刳（kū）：挖空。

【译文】

我现在年纪大了，而且被疾病侵扰，要是突然死了，难道还要强求一个完备的葬礼吗？要是有一天我死了，只要帮我沐浴就行了，不要再操劳复魄之类的仪式，为我穿上平常的衣服入殓就行。我母亲去世时，刚好是灾荒年份，家中一贫如洗，几个兄弟年纪还小，所以母亲的棺材很薄，坟墓也没有用砖砌。安葬我时用两寸的松木做棺材就行了，除了衣服帽子之外，其他的东西统统不要放进去，棺材底板上只要放一块七星板就行，至于蜡弩牙、玉豚、锡人这些陪葬的东西，都不要放进去，粮罂等冥器，都不要准备，碑上的铭文和旗子就更不用说了。棺材用鳖甲车装着，沿着土放下去就行了，墓地要与地面相平不要堆出坟头；要是担心以后祭拜扫墓找不到坟地，可以在坟头的前后左右修一堵矮墙，随便做一些标记也可以。灵床上不要摆放枕几，在朔、望、祥、禫的祭祀日子里，准备点白粥、清水、干枣就行了，不要准备酒肉糕饼水果来祭祀。亲戚朋友如果要来祭奠，一律婉拒他们。如果违背我的心愿，让我的丧葬标准超过了我的母亲，就是把父亲我陷于不孝顺的境地，你们这样能安心吗？念经颂德这种事情，根据自己的能力来就好了，不要耗尽家财，导致你们挨冻受饿。在四季的时候祭祀是周公、孔子教化的事情，让人不要忘记死去的亲人，不要忘记去实行孝道。从佛经上来看，这样做没有什么好处。杀掉生命来祭祀亡灵，反而会增加亡者的罪过。想要极力报答父亲的恩德，寄托你们的哀思，按时做好斋供，到七月十五盂兰盆节那天，希望你们可以来看看我。

【原文】

孔子之葬亲也，云："古者，墓而不坟。丘东西南北之人也，不可以弗识也。"于是封之崇[①]四尺。然则君子应世行道，亦有不守坟墓之时，况为事际所逼也！吾今羁旅，身若浮云，竟未知何乡是吾葬地；唯当气绝便埋之耳。汝曹宜以传业扬名为务，不可顾恋朽壤[②]，以取堙没也。

【注释】

①崇：指自下而上的距离，即俗称的高度。

②朽壤：腐朽的土壤，这里指坟墓所在的地方。

【译文】

孔子安葬亲人的时候说过："古代的人，造墓地但不建坟头。我孔丘是一个在东南西北游荡的人，不能不留下一个标记。"因此就在坟墓上堆了一个高度为四尺的坟头。这样来说君子也要按照对应的世道来推行自己的主张，也有无法亲自留守坟墓的时候，何况是被事情逼迫的情况下呢！我现在漂泊在外，自己就跟浮云一样，都不知道哪里才是我可以安葬的地方；所以当我断气之后，随便找个地方埋了就行。你们要将传扬名声作为要紧的事情来做，不要对埋葬我的地方留有顾念，以免埋没了自己的未来。